제2판

CASINO
Dealing Manual

카지노 실무 매뉴얼

카지노 서비스 운영사 완벽대비

(사)한국호텔전문경영인협회 · 한국복합리조트포럼

최은미 · 이진경 · 송진영 · 이수정
정지인 · 정미나 · 송수정   공저

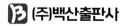 (주)백산출판사

PREFACE

전 세계적으로 관광 · 레저산업은 국가의 경제발전에 영향력이 높은 산업으로 그 중심에 카지노 산업이 존재하고 있습니다. 이러한 카지노 산업은 외화 획득을 통한 국제수지 개선, 경제 활성화, 신규 일자리 창출 및 세수 확보에 도움이 되는 고부가가치 산업으로 알려져 있으며, 기존 미국 라스베이거스 중심의 시장에서 싱가포르와 마카오가 위치한 아시아 중심으로 이동되고 있습니다.

카지노 복합리조트(IR, Integrated Resort) 산업은 코로나19 팬데믹으로 인하여 피해가 심각한 우리나라 관광 산업에 구심점 역할을 해줄 핵심 분야로 각광받고 있습니다. 최근 다가온 위드 코로나19 시대에는 굴뚝 없는 첨단산업으로 불리는 관광 · 레저산업의 트렌드 지각변동이 일어나고 있습니다. 새로운 트렌드의 대표적인 요소가 바로 카지노 복합리조트이며, 국내 신규 개장으로 모히건 게이밍 앤드 엔터테인먼트(MGE)가 추진하고 있는 인스파이어 복합리조트와 미단시티 복합리조트, 그리고 2017년 오픈한 파라다이스시티 복합리조트가 영종도에 클러스터를 형성하여 관광 · 레저산업의 긍정적인 파급효과 및 일자리 창출에 지대한 역할을 할 것으로 예상됩니다.

이렇듯 카지노 산업의 확대 및 그와 관련한 전문 인력 수요 확대가 예상되고 그에 따른 전문 인력 역량에 대한 인정기준 제시가 요구됨에 따라 2020년 (사)한국호텔전문경영인협회에서는 『카지노서비스운영사 1급, 2급』 제도를 민간자격으로 한국직업능력연구원에 등록하고 주무부처 문화체육관광부의 승인을 얻어 2021년 5월 시행하였습니다. 또한, 2021년 7월 설립한 전문적인 복합리조트 연구 및 이슈 토론 학술단체인 한국복합리조트포럼과 협력하여 카지노 실무 현장 중심의 전문 인력 자격 제도가 되도록 운영할 예정입니다.

전·현직 카지노 산업 전문가 및 교육계 전문가로 구성된 집필진은 카지노 복합리조트 기업들의 요구를 대폭적으로 수용하고 국가직무능력표준(NCS, National Competency Standards)을 기반으로 하여 카지노 산업에 필요한 실무내용을 담아 교재를 집필하게 되었습니다. 이 교재가 카지노 혹은 관광 관련 학과 재학생들이 카지노 현장 실무교육을 위한 카지노서비스운영사 자격증을 취득하는 데 큰 도움이 되기를 바랍니다.

더 나아가 본 교재가 국내 카지노 산업의 서비스 수준 제고는 물론 국내 18개 카지노딜링 표준화 교육과정 개발과 카지노딜링 표준화를 통한 기업형 미래인재양성 교육으로 전문 인력을 양성하는 데 도움이 되기를 기대합니다. 이를 통해 카지노 이용객의 고객만족도 향상과 궁극적으로는 고부가가치 산업인 카지노 산업의 발전에 이바지할 수 있기를 바랍니다.

마지막으로 많은 시간적, 물리적 어려움에도 불구하고 그동안 교재 집필을 위해 헌신적인 노력을 기울여 주신 집필진 여러분께 깊은 감사의 뜻을 전합니다.
감사합니다.

CONTENTS

Chapter 3 블랙잭

Chapter 4 룰렛

Chapter 5 　바카라

A
♠

CASINO

CHAPTER
1

카드

Card

A
♠

카지노 실무 매뉴얼

Chapter 1 ♣ ─────────────────

카드

 카드(Card)

1) 카드 구성

♠, ◇, ♣, ♡의 모양이 13장씩 총 52장으로 구성되어 있는 것을 1덱(Deck)이라 하며, 국제규격의 표준 52장의 카드를 사용한다.

2) 카드 순서

- 아래로부터 ♥ → ♣ → ◆ → ♠ 순으로 한다.
- ♥ A ～ ♥ K → ♣ A ～ ♣ K → ◆ K ～ ◆ A → ♠ K ～ ♠ A의 순으로 하여 ♠ A가 맨 위에 오도록 정리한다.

[그림 1-1] **카드 순서**

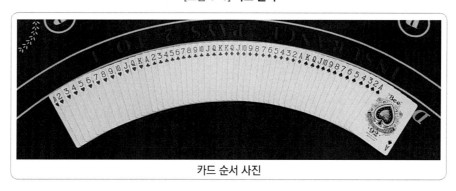

카드 순서 사진

3) 카드 파지법

①, ②, ③, ④, ⑤ 손가락을 카드의 각 부분에 맞게 파지한다.

[그림 1-2] **카드 파지법**

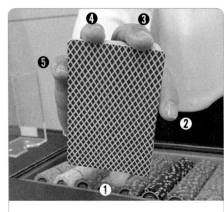

페이스 업(face up) 세로 파지법

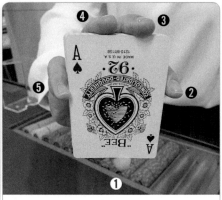

페이스 다운(face down) 세로 파지법

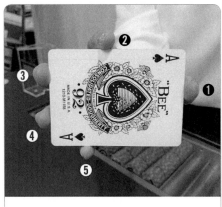

페이스 다운(face down) 가로 파지법

4) 카드 스프레드(Card Spread)

(1) 정의

카드를 부채꼴 모양으로 펼쳐 놓는 동작이다.

(2) 목적

- 카드의 이상 유무를 확인한다.
- 대기 중인 오픈 테이블에서 카드 스프레드를 하고 있을 경우 미적 효과를 얻을 수 있다.

(3) 파지법

- 엄지는 카드 하단, 검지는 카드 좌측 측면, 중지와 약지는 카드 상단, 소지는 카드 우측면을 잡는다.
- 엄지, 중지, 약지는 카드를 레이아웃에 고정한다.
- 소지는 가볍게 중지와 약지에 붙여 카드 흔들림을 방지한다.
- 검지로 카드의 간격을 조절한다. 강하게 누르면 간격이 넓어지고, 약하게 누르면 좁아지므로 강약을 적당히 조절한다.
- 좌에서 우로 포물선을 그리면서 카드 전체에 균등하게 힘을 배분하고 일정한 간격을 두고 스프레드한다.
- 숫자나 문양이 잘 보여야 한다.
- 카드가 손에서 없어질수록 손이 펴지며 바닥에 가까워진다.
- 스프레드가 끝나면 손바닥이 레이아웃에 닿아 있어야 한다.
- 카드를 걷을 때는 왼손의 엄지, 검지를 카드 페이스 업 면 위에 올리고 중지, 약지, 소지를 페이스 다운 면에 끼우고 걷는다.

[그림 1-3] 스프레드 파지법

1. 스프레드 준비 자세

2. 스프레드 파지법(윗면)

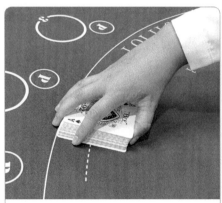

3. 스프레드 파지법(옆면)

4. 스프레드 진행 시 검지의 위치

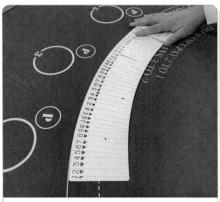

5. 스프레드 진행 시 카드 면에 밀착되는 손 모양

6. 스프레드 완료 시의 모습

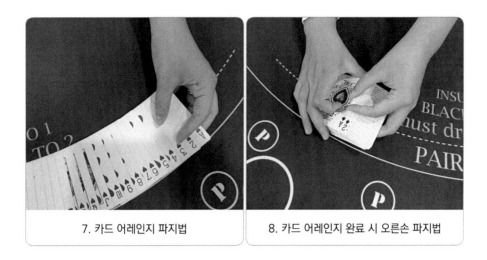

| 7. 카드 어레인지 파지법 | 8. 카드 어레인지 완료 시 오른손 파지법 |

5) 워싱(Washing)

(1) 정의

새 카드를 골고루 섞이도록 하는 1단계 작업이며, 페이스 다운으로 실시한다.

(2) 방법

- 칩스 트레이 좌측의 슈 옆에 엇갈리게 놓는다.
- 엇갈린 카드를 위에서 1덱씩 집어 오른손으로 페이스 다운된 카드를 2줄 또
  는 3줄로 스프레드한다.
- 바로 손바닥을 이용하여 카드를 골고루 섞는다.
- 고루 섞은 카드를 양손을 이용하여 모은다.
- 오른손으로 한 장의 카드를 가장 밑에 받치고 왼손 엄지도 밑 부분에 대고
  일으켜 세운다.
- 일으켜 세운 카드를 오른손 엄지를 이용하여 카드를 좌에서 우로 밀면서 정
  리한다.
- 정리된 카드를 다시 한번 페이스 다운으로 스프레드하여 디스카드 홀더에
  넣는다.

[그림 1-4] 워싱 순서 및 방법

1. 페이스 다운으로 스프레드

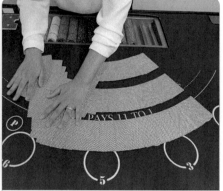

2. 양손으로 섞기

3. 카드 섞는 모습

4. 카드 모을 때 왼손의 모습

5. 한 장의 카드를 맨 아랫면에 받치는 모습

6. 카드를 세워 정리하는 모습

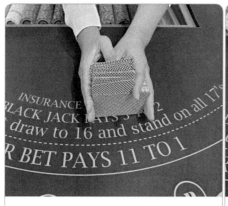

7. 카드를 세워 정리할 때 왼손 검지의 위치

8. 세워진 카드를 옆으로 돌릴 때
오른손 엄지의 위치

9. 왼손 검지와 오른손 엄지의 위치

10. 정리 완료된 모습

11. 페이스 다운 스프레드로 마무리

6) 셔플(Shuffle)

(1) 정의

게임에 사용할 카드를 소정의 절차에 따라 보다 골고루 섞이도록 하는 동작이다.

(2) 목적

- 셔플 과정은 치팅의 기회가 제공될 수 있는 취약한 절차이므로 딜러는 각 카지노의 영업 매뉴얼에 의한 셔플의 절차와 방법을 반드시 준수해야 한다.
- 셔플의 모든 과정은 해당 게임 테이블 내에서 이루어지며 해당 테이블에서 근무 딜러가 한다.
- 고객이 카드에 관한 예측을 하지 못하도록 한다.
- 철저한 우연의 결과에 의해 게임의 승부가 결정되도록 하며, 카지노마다 다양한 셔플 방법이 있다.

핸드 셔플

1번 셔플 → 3번 스트리핑 → 1번 셔플 → 3번 스트리핑 → 브릿지 셔플의 순으로 한다.

① 박싱(Boxing)

- 카드를 페이스 다운(Face Down) 상태에서 양손의 파지법으로 잡은 후 오른손 중지의 측면이 카드 우측 측면을 쓸어 깨끗하게 정리하는 동작이다.
- 엄지는 카드 하단, 검지는 카드의 페이스 다운 면, 중지, 약지는 카드 상단 모서리, 소지는 카드 측면을 잡는다.

[그림 1-5] **박싱(Boxing)**

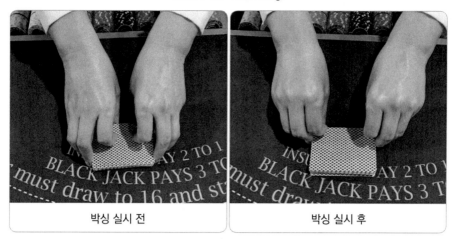

박싱 실시 전	박싱 실시 후

② **해핑**(Halfing)

1덱의 카드를 반으로 나누어 놓는 동작이다.

③ **버팅**(Butting)

15도 각도의 V자 모양으로 카드 아랫부분을 맞대는 동작이다.

[그림 1-6] **해핑(Halfing)과 버팅(Butting)**

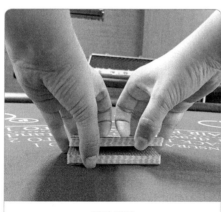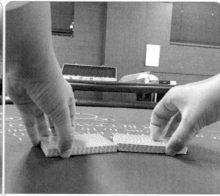

해핑 뒷면	버팅 뒷면

④ 리플링(Riffling)

- 양분한 카드를 섞는 것으로 카드의 측면을 들었다 놓아 모서리가 서로 맞물리도록 하는 동작이다.
- 엄지 지문 면이 카드 모서리 하단 부분에 위치하고 검지는 카드 모서리 부분에 가볍게 올려놓으며 중지, 약지, 소지는 카드 상단 쪽에 올려놓는다.

[그림 1-7] 리플링(Riffling)

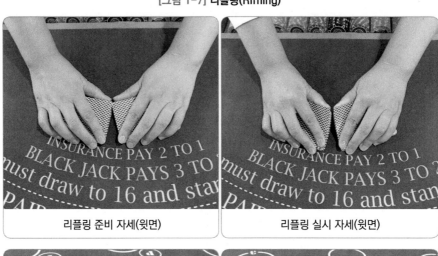

리플링 준비 자세(윗면)

리플링 실시 자세(윗면)

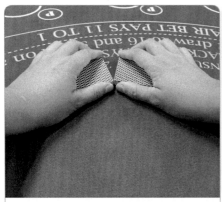

리플링 준비 자세(뒷면)

리플링 실시 자세(뒷면)

⑤ 조이닝(Joining)

- 리플링(Riffling)한 카드를 합치는 것으로 맞물린 양쪽의 카드를 밀어내는 동작이다.
- 양손 중지를 이용하여 카드 위에서 아래로 쓸어내리며 정리한다.
- 리플링한 상태에서 검지로 카드가 흐트러지지 않도록 가볍게 누른 상태로 중지, 약지는 카드 상단 모서리, 소지는 카드 측면으로 가도록 한다.
- 양손의 소지로 카드를 밀면서 산을 만들며, 중지 측면에 카드가 닿은 상태이다.

[그림 1-8] 조이닝(Joining)

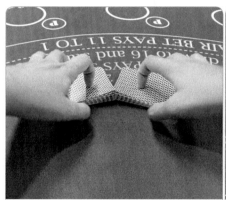

조이닝 준비 자세(뒷면)

조이닝 준비 자세(윗면)

조이닝 수행 시 중지, 약지의 위치와 리본의 각도

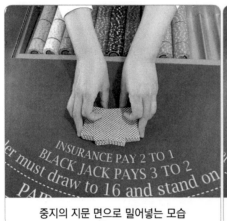
중지의 지문 면으로 밀어넣는 모습

박싱으로 마무리(윗면)

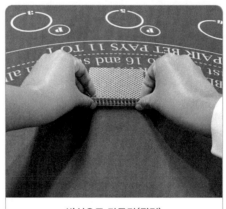
박싱으로 마무리(뒷면)

⑥ 스트리핑(Stripping)

- 카드를 끊어내어 위, 아래가 바뀌게 섞는 동작으로 카드의 덱을 섞는 기술이며, 카드 커팅(Card Cutting)이라고도 한다.
- 양손은 카드 파지법으로 카드를 내려 잡고, 왼손 엄지의 첫 번째 마디로 카드의 1/4을 끊고 나머지 카드는 수평으로 오른손으로 빼낸다. 왼손으로 떼어낸 카드를 바닥에 내려놓는다.
- 1덱의 1/4은 왼손에 있고, 3/4는 오른손에 잡혀 있다. 왼손 엄지의 힘을 빼면서 왼쪽의 카드를 레이아웃에 내려놓으며 그 카드를 왼손 검지로 살짝 눌러 고정한다. 이때 누름이 서투르면 그냥 떨어뜨려도 무방하다.

– 그 후 같은 방법으로 오른손 카드를 왼쪽 손 밑에 떨어져 있는 카드 위에서 다시 카드 커팅을 한다. 이때 왼손 소지에 닿도록 카드를 밀어 넣는다.
– 왼손 소지는 레이아웃에 고정해야 한다. 오른손 카드는 레이아웃 위에 수평을 유지해서 빼낸다.

[그림 1-9] **스트리핑(Stripping)**

스트리핑 모습(앞면)

동작 ① 왼손 엄지로 카드 끊어내기 동작 모습

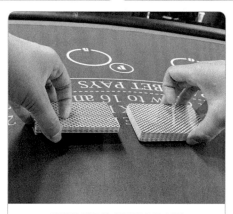

아래의 카드를 오른쪽으로 분리

동작 ② 왼손 엄지로 끊어낸 카드를 검지로
누르듯 내려놓고 오른쪽으로 분리되었던 카드를
다시 왼손으로 가져와 카드 끊어내기 동작 반복

동작 ③ 앞의 동작을 반복
(왼손 엄지로 끊어내는 동작 총 3회)

남은 카드를 위에 올리고 박싱으로 마무리

7) 브릿지 셔플(Bridge Shuffle)

(1) 정의

카드를 반 정도만 맞물리게 하는 방법으로 카드가 고르게 섞여 있다는 것을 시
각적으로 인식시키기 위한 방법이다.

(2) 방법

- 셔플(Shuffle)이 끝난 카드를 다시 2등분하여 카드의 바깥쪽을 랙(Rack) 선에
  맞춘다.

- 양분되어 있는 카드를 1/2덱 정도씩 잡아 셔플하여 수평으로 카드의 반 정도가 맞물린 상태에서 인디케이터 카드 위에 올려놓는다.
- 남은 카드도 같은 방법으로 실시한다.
- 모두 끝나면 왼손 엄지는 위로 올리고 나머지 네 손가락은 카드의 뒤쪽을 받치며, 오른손은 엄지를 카드 전면의 밑으로, 나머지 네 손가락은 카드 위쪽으로 올려놓아 터지지 않게 뒤로 눕히면서 앞으로 당긴다.
- 양손의 엄지는 카드의 전면에 대고 카드를 앞쪽으로 약간 기울여 손바닥과 네 손가락을 이용하여 밀어 놓고 가지런히 정리한다.

[그림 1-10] **브릿지 셔플(Bridge Shuffle)**

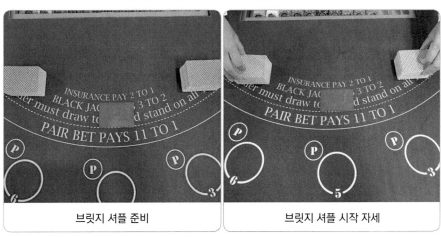

| 브릿지 셔플 준비 | 브릿지 셔플 시작 자세 |

브릿지 셔플 버팅

브릿지 셔플 조이닝

조이닝 상태에서의 리본을 중지와 엄지로 정리

리본 정리 후 모습

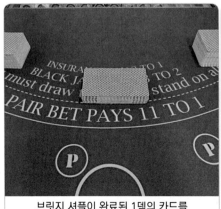

브릿지 셔플이 완료된 1덱의 카드를
인디케이트 카드 위에 올린 모습

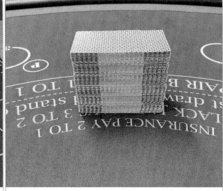

브릿지 셔플 완료된 모습

8) 셔플 머신(Shuffle Machine)

- 셔플 머신에서 꺼내 놓은 카드를 4회 이상 페이스 다운으로 확인한 후 순서 대로 디스카드 홀더에 넣는다.
- 확인이 끝난 후 카드를 중앙으로 가져온다.
- 왼손으로 카드 바깥쪽을 받치고 오른손 안쪽을 잡고 카드를 딜러 쪽으로 당 기듯이 하여 고객 쪽으로 누인다.
- 인서팅을 위해 오른손으로 카드를 잡고 고객에게 인디케이트 카드를 건넨다.

[그림 1-11] 셔플 머신(Shuffle Machine)

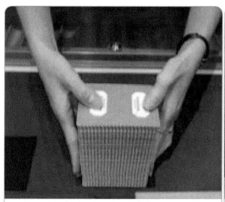

1. 게임 종료 카드

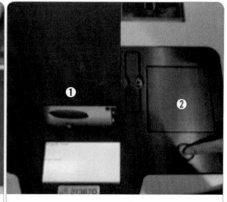

2. 셔플 머신의 녹색 버튼을 누른다.

3. 기계 좌측 ❷ (셔플 전)이 올라온다.

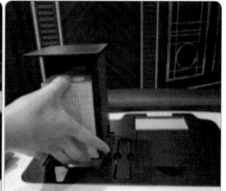

4. 게임 종료 카드를 기계 좌측 ❷(셔플 전)에 넣는다.

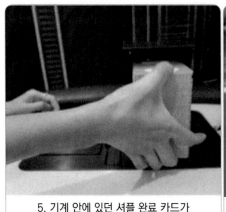

5. 기계 안에 있던 셔플 완료 카드가 기계 우측에서 올라오면 꺼낸다.	6. 셔플 완료 카드(new 게임 준비)

9) 인서팅(Inserting)

(1) 플레이어 커트(Player Cut)

– 카드의 오른쪽을 약간 내려 마름모꼴의 모양으로 한다.

– 남아 있는 한 장의 인디케이트 카드의 모서리 윗부분으로 올린다.

– 고객이 커팅할 수 있도록 밀어 준다. 이때 카드는 느슨하게 잡는다.

– 고객은 카드의 1/3 이상 지점에서 커팅해야 한다.

– 고객이 커팅을 할 수 있는 순서는 ❶ 원하는 고객 〉 ❷ 베팅이 가장 많은 고객 〉 ❸ 좌측에서 우측 고객의 순으로 한다.

[그림 1-12] 플레이어 커트(Player Cut)

셔플된 카드를 앞쪽으로 넘기는 모습(앞면)	셔플된 카드를 앞쪽으로 넘기는 모습(뒷면)

넘긴 카드를 오른손으로 고정

브릿지 부분을 왼손으로 받치고
오른손으로 밀어 넣어 정리

검지로 인디케이드 카드를
고정하여 고객에게 건네는 모습

고객이 카드를 커팅하는 모습

고객이 커팅한 인디케이트 카드의 아랫면에
왼손 엄지를 넣음

앞의 동작으로 상하가 분리된 카드의
하단을 오른손으로 잡고 왼손과 오른손이
잡고 있는 카드의 위치를 바꿈

오른손 엄지에 닿아있는 인디케이트 카드를 뺌

인디케이트 카드를 사용하여 카드 정리

정리된 카드의 모습

(2) 딜러 커트(Dealer Cut)

- 고객이 커팅한 6덱의 카드를 딜러 앞쪽으로 가져온다.
- 왼손 엄지로 고객이 커팅한 인디케이트 카드를 밀어 넣으며 6덱의 뒷부분 카드를 왼손으로 잡는다.
- 딜러 쪽 카드는 오른손으로 잡아 우측으로 돌려 왼손으로 잡고 있는 카드의 뒤쪽에 붙이면서 인디케이트 카드를 오른손으로 뽑아낸다.
- 카드의 1덱 정도를 딜러가 직접 인서팅 후 6덱의 카드를 슈 박스에 넣는다.

[그림 1-13] 딜러 커트(Dealer Cut)

딜러 커트 모습

딜러 커트 완료

[그림 1-14] 인서팅(Inserting)

오른손으로 잡은 카드를 슈를 사용하여
비스듬히 만들기

왼손으로 카드의 하단을 받쳐서 들어 올림

슈에 카드를 인서팅하는 모습

인서팅 완료

CASINO

CHAPTER
2

칩스

Chips

카지노 실무 매뉴얼

Chapter 2 ♣ ────────────

칩스

◆ 손가락 명칭

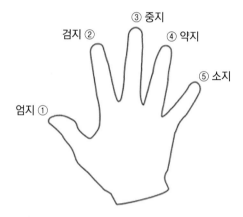

※ 손가락의 표준 명칭은 오른손을 기준으로 왼쪽부터 엄지, 검지, 중지, 약지, 소지이며 왼손도 동일하다.

※ 파지법은 칩스(Chips)나 카드(Card)를 쥘 때 각 손가락의 위치를 말한다.

칩스(Chips)

1) 정의

카지노 내에서 현금과 동일한 것으로서 게임 운영을 하기 위한 도구이다.

2) 종류

(1) 머니 칩스(Money Chips)

Chips 중앙에 액면가가 표시되어 있는 Chip으로서 그 가치만큼 현금으로 교환되는 Chips이다. 카지노에 따라 다양한 종류의 Chips가 있다.

(2) 플레이 칩스(Play Chips)

룰렛에서 주로 사용하는 Chip으로 플레이어를 구별하기 위해 여러 가지 색이 있다. Play Chip은 게임이 끝나면 반드시 머니 Chips로 바꾸어야 현금화할 수 있다.

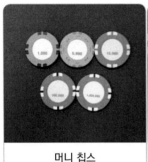
머니 칩스

에이프런에 정리된 플레이 칩스

플레이 칩스

② 칩스 핸들링(Chips Handling)

1) 파지법

(1) 1스택 : 20개의 Chips를 한 줄로 쌓아 올린 Chips 수량의 단위를 말한다.

(2) 1스택 파지법

가. 팜 스택(Palm Stack)

1스택을 위에서부터 손바닥과 다섯 개의 손가락으로 칩스 전체를 가볍게 감싸 잡는 형태를 말한다. 이때 너무 힘을 주어서 잡으면 형태가 무너지거나 손에서 빠져나올 수 있으므로 가볍게 잡도록 한다.

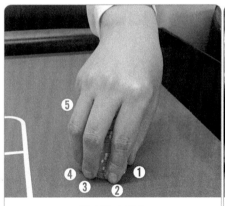
팜 스택 손 모습

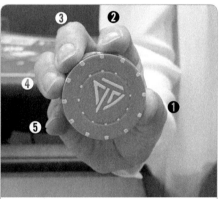
아래쪽에서 본 파지법

나. 펜슬 스택(Pencil Stack)

파지법 형태가 연필을 잡은 모양이라 하여 펜슬 스택이라고 한다. 너무 힘을 주어서 집으면 칩이 앞으로 빠져나올 수 있으므로 가볍게 집도록 한다.

검지를 구부려 칩스의 윗부분을 누르고 엄지, 중지, 약지로 칩스의 아랫부분을 잡는다.

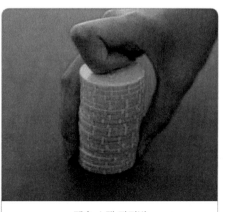
펜슬 스택 파지법

2) 커팅(Cutting)

칩스를 다루는 딜러의 기본기이며 일정량의 칩스를 원하는 개수별로 잘라서 카운팅하고 개수를 확인하기 위해 칩스를 끊어놓는 동작이다.

(1) 드롭 커팅(Drop Cutting)

칩스를 원하는 개수만큼 떨어뜨리는 동작을 말한다. 1스택을 팜 스택으로 쥐고 검지를 이용하여 원하는 개수만큼 끊으며 떨어뜨린다.

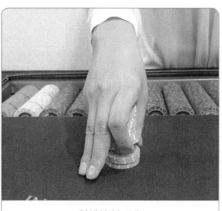

원하는 개수만큼 끊기	앞에서 본 모습

(2) 제너럴 커팅(General Cutting)

가장 일반적이고 보편적인 칩스 커팅으로 칩스를 이용하는 모든 게임에서 자주 사용된다.

① 드롭 커팅으로 원하는 개수만큼 떨어뜨린다.

② 엄지, 약지, 소지를 이용하여 떨어뜨린 칩스 뒤로 손에 쥔 칩을 갖다 대고 검지로 앞에 끊어 놓은 칩과 같은 높이로 자른다.

③ 자른 후의 남은 칩은 다시 엄지, 검지, 약지, 소지를 이용해 뒤로 뺏다가 앞의 칩에 밀어주는 동작을 한다.

④ 앞의 동작을 반복하며 마지막에 칩스를 스프레드한다.

1. 원하는 수량을 드롭 커팅으로 끊어준다.

2. 살짝 밀면서 같은 높이로 끊어준다.

3. 마지막 칩스까지 커팅한다.

4. 마지막 칩스 더미는 스프레드해 준다.

(3) 칩스 어레인지(Chips Arrange)

커팅된 칩스를 다시 모으는 동작을 말한다.

① 커팅한 칩스는 역순으로 어레인지한다.

② 스프레드한 마지막 칩스 더미를 소지로 밀고 중지, 약지, 검지로 칩스를 받치고 검지는 칩스 상단에 위치하여 역순으로 정리한다.

(4) 커팅 단위

5개 이하 : 스프레드

6개 : 3-3

7개 : 3-3-1

8개 : 4-4

9개 : 4-4-1

10개 : 5-5

17개 : 5-5-5-2

※ 커팅할 때 더미의 개수가 달라지는
　경우 모두 스프레드한다.
12개 : 5-5-2
　　　　(마지막 5와 2 스프레드)
15개 : 5-5-5(마지막 5 스프레드)
18개 : 5-5-5-3
　　　　(마지막 5와 3 스프레드)

(5) 칩스 스프레드(Chips Spread)

칩스의 수량을 파악하는 동작으로 5개 이하 또는 커팅 마지막 단계에 사용한다.

① 칩스 파지법으로 잡은 후 칩스를 순서대로 흘려 놓듯 펼친다.

② 엄지, 중지, 약지로 칩스의 좌우측을 받치고 소지로 밀어 올려 어레인지하

고 검지는 칩스 위에 살짝 올린다.

③ 스프레드하여 개수 확인 후 핸드 클리어 한다.

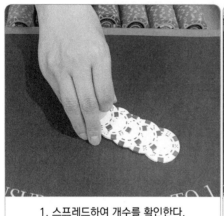

1. 스프레드하여 개수를 확인한다.

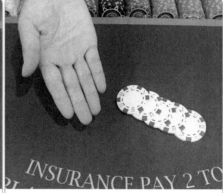

2. 핸드 클리어 한다.

(6) 칩스 픽업/피킹(Chips Pick up/Picking)

블랙잭, 바카라, 포커 등 랙(Rack)을 사용하는 테이블 게임에서 5개 이하의 칩
스를 하나씩 집어 올릴 때 사용한다.

① 엄지, 검지, 중지를 이용하여 정렬된 랙 가장 위쪽에 있는 칩스를 집어 올
   린다.

② 집어올린 칩을 엄지, 검지로 잡고 중지로 또 다른 칩스를 집어 올려 먼저
   잡은 칩과 함께 쥐는 것을 반복한다.

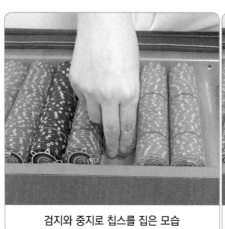

검지와 중지로 칩스를 집은 모습

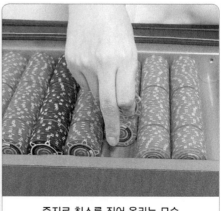

중지로 칩스를 집어 올리는 모습

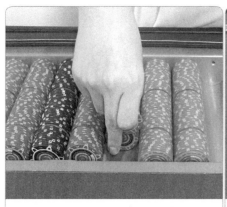

연속으로 원하는 개수만큼 집어올리기

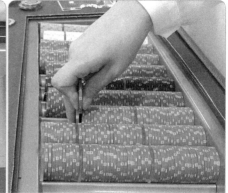

옆에서 본 모습

❸ 머니 셀링 및 칩스 셀링(Money Selling & Chips Selling)

1) 머니 카운트

(1) 정의 : 플레이어가 게임에 참여하기 위해 가지고 있던 현금을 칩스로 교환하는 것을 말한다.

(2) 목적 : 플레이어, 딜러, 관리자 및 하우스가 정확히 알게 함으로써 테이블에서 착오를 방지하기 위함이다.

(3) 머니 셀링 진행 순서

진행 순서	동작 및 콜링
① 머니 카운팅	현금이 들어오면 왼손은 현금을 잡고 오른손은 귀 높이만큼 들어 콜링하여 테이블에 현금이 발생되었음을 관리자에게 알린다. ☞ 콜링: 체크! 머니 카운트(Check! Money Count)
② 머니 세팅	현금을 1cm 정도의 간격을 두고 5장, 10장 단위로 놓는다. 세로로 현금을 가지런히 놓으며 플레이어도 들을 수 있는 목소리로 수량을 카운팅한다. ☞ 플레이어 국적에 따른 언어 사용

③ 칩스 세팅	총액을 플레이어에게 확인 후 순서대로 페이할 칩스를 세팅한다. ☞ 플레이어 국적에 따른 언어 사용
④ 금액 확인	선서의 모양으로 오른손을 귀 높이만큼 들고 현금 총액수와 칩스 페이 금액을 콜링한다. ☞ 콜링: 체크! 00원 페이(Check! OO원 Pay)
⑤ 칩스 페이	관리자의 사인을 득한 다음 칩스를 어레인지하여 원화 금액을 콜링하며 플레이어에게 전달하여 준다
⑥ 머니 드롭	어레인지한 금액을 체크한 후 관리자의 사인을 득하여 현금을 머니 박스에 넣는다. ☞ 콜링: 체크! 00원 다운(Check! OO원 Down)

머니 카운팅

20만 원 칩스 세팅

26만 원 칩스 세팅

2) 컬러 체인지(Color Change)

(1) 정의 : 고액 칩스를 저액 칩스로 바꾸는 동작을 말한다.

(2) 컬러 체인지 진행 순서

진행 순서	동작 및 콜링
① 금액 확인	플레이어의 고액 칩스가 들어오면 0, 00 사이에 금액별로 커팅한 후 플레이어에게 재확인한다. ☞ 플레이어에게 고액 칩스 금액 확인(플레이어 국적에 따른 언어 사용)
② 칩스 세팅	체인지할 금액만큼 저액 칩스를 세팅한다.
③ 금액 확인(저액)	체크! 하며 페이 액수를 콜링한다. ☞ 콜링: 체크! 컬러 체인지 00원(Check! Color Change OO원!)
④ 칩스 페이	관리자의 사인을 득한 다음 저액의 칩스를 콜링하며 플레이어 앞까지 전달하여 준다. ☞ 플레이어 국적에 따른 언어 사용
⑤ 칩스 어레인지	레이아웃의 고액 칩스를 어레인지 하여 랙에 넣는다.

10만 원 컬러 체인지 20만 원 컬러 체인지

30만 원 컬러 체인지

3) 캐시(Cash)

(1) 정의 : 저액 칩스를 고액 칩스로 바꾸는 동작을 말한다.

(2) 캐시 진행 순서

진행 순서	동작 및 콜링
① 금액 확인(고액)	플레이어의 저액 칩스가 들어오면 랙 위쪽에 저액 칩스를 금액별 커팅한 후 플레이어에게 재확인한다. ☞ 플레이어에게 저액 칩스 금액 확인(플레이어 국적에 따른 언어 사용)
② 칩스 세팅	저액 칩스 오른편에 캐시할 칩스를 좌에서 우, 고액 순으로 세팅한다.
③ 금액 확인(저액)	체크! 하며 페이 액수를 콜링한다. ☞ 콜링: 체크! 캐시 00원(Check! Cash OO원)
④ 칩스 페이	관리자의 사인을 득한 다음 Pay할 고액의 칩스를 콜링하며 플레이어 앞까지 전달하여 준다. ☞ 플레이어 국적에 따른 언어 사용
⑤ 칩스 어레인지	레이아웃의 저액 칩스를 테이크하여 랙에 넣는다.

10만 원 캐시

20만 원 캐시

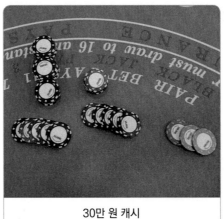

30만 원 캐시

④ 필(Fill) / 콜렉션(Collection)

1) 필(Fill)

테이블 랙에 칩스가 부족할 경우 보충하는 것을 말한다.

① 필할 칩스가 오면 금액별 칩스 수량을 파악한다.

② 필 슬립의 날짜, 시간, Table 번호, 칩스 단위, 총액을 정확히 확인한다.

③ 확인이 끝나면 체크 콜하여 관리자 확인 후 슬립을 머니박스에 넣는다.

2) 콜렉션(Collection)

테이블 랙에 칩스가 남는 경우 반납하는 것을 말한다. (필과 동일한 방법)

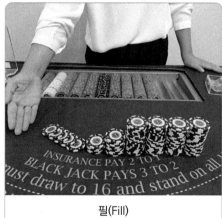

필(Fill)

콜렉션(Collection)

필/콜렉션 슬립

JSLC Casino	
구분 : ☐ Fill ☐ Collection	
Date :	
Time :	
Table Number :	

단위	수량
1,000원	
5,000원	
10,000원	
100,000원	
1,000,000원	
5,000,000원	
Total	

담당 딜러 :   (인)

관리자 :   (인)

※ 필/콜렉션은 게임 진행에 방해가 되지 않도록 한다.

A
♠

CASINO

CHAPTER
3

블랙잭

Blackjack

카지노 실무 매뉴얼

Chapter 3 ♣ 블랙잭

① 블랙잭(Blackjak)

1) 유래

블랙잭 게임의 기원은 여러 설이 있으나 포커와 진 러미(Gin Rummy), 이탈리아의 7과 1/2(Seven and a Half), 스페인의 원앤 서드(One and Third), 프랑스의 뱅테엉(Vingt-Et-Un)에서 유래되었다고 한다.

2) 정의

- 블랙잭은 21 또는 21에 가까운 숫자를 만들어 딜러보다 높으면 이기는 게임으로 21(Twenty One)이라고 한다.
- 이니셜 투 카드(처음 2장의 카드)가 반드시 A를 포함하여 10(Jack, Queen, King 포함) 카드 2장으로 조합되는 것으로 10+A, J+A, Q+A, K+A의 네 가지 형태를 말하며 고객이 블랙잭일 경우 1.5배를 지급한다.

블랙잭 카드 조합

- 고객은 21 또는 21에 가까운 수를 만들기 위하여 고객 자신이 원하는 만큼의 카드를 추가로 받거나 받지 않을 수 있다.
- 딜러는 16까지는 의무적으로 받아야 하며, 17 이상은 받을 수 없다. 딜러와 고객 모두 카드 합이 21을 초과하면 베팅 금액을 잃게 된다.

3) 테이블의 구조 및 명칭

블랙잭 테이블의 높이는 약 950~980mm로, 지름 1,100~1,300mm, 폭 2,100~2,300mm 등의 다양한 종류가 있으며 테이블 하단에는 현금 및 수표 등을 넣는 드롭 박스와 토크 박스가 부착되어 있다.

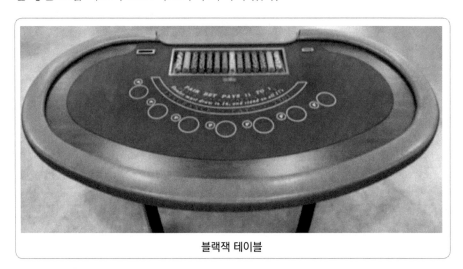

블랙잭 테이블

- 레이아웃(Layout): 베팅 유형이나 베팅 지역이 그려진 천이다.
- 암 레스트(Arm Rest): 고객들의 편안함을 위해 제작된 팔걸이이다.
- 칩스 트레이(Chips Tray, Rack): 칩스 용기로 테이블에서 게임에 사용될 칩스를 보관하는 기구이다.
- 칩스(Chips), 마킹 칩스(Marking Chips): 게임 목적으로 사용되는 현금 대용 화폐로 블랙잭 게임에서는 현금 칩스(Money Chips)를 사용하며, 금액별 칩스의 색이 다르다. 마킹 칩스는 랙(Rack)에 있는 칩스의 개수를 쉽게 확인하

기 위하여 표시하는 칩스를 말한다.

- 칩스(Chips): 블랙잭에서 사용하는 칩스는 머니 칩스로 색깔로 금액을 구별한다.

- 핸드(Hand): 고객이 칩스를 베팅하는 곳이다.

- 페어 핸드(Pair Hand): 고객이 페어베팅을 위해 베팅하는 곳이다.

- 디스카드 홀더(Discard Holder): 게임에 사용된 카드를 Discard라고 하며, 게임이 끝난 Discard를 수거해 두는 용기가 디스카드 홀더이다.

- 슈(Shoe): 카드를 넣어두는 케이스

- 인디케이트 카드(Indicate Card): 카드의 숫자를 가리거나 고객의 커팅(Cutting)을 받고 게임의 종료를 알리기 위하여 사용하는 유색의 표시 카드를 말한다.

- 리미트 보드(Limit Board), 플래카드(Placard) : 해당 테이블에서 각 베팅 최저액과 최고액을 숫자로 알리는 판이다.

- 패들(Paddle): 게임 테이블에서 고객들의 현금이나 수표 등을 드롭 박스에 집어넣는 플라스틱 기구이다.

- 머니 홀더(Money Holder), 드롭 박스(Drop Box): 머니 홀더는 테이블에 들어오는 현금을 드롭 박스에 넣는 입구를 말한다. 드롭 박스는 테이블에 들어온 현금, Fill/Collection 용지 등을 넣는 박스이다.

- 슈(Shoe): 카드를 담아두는 용기로 셔플(Shuffle)된 카드를 넣어 한 장씩 빼도록 만든 기구이다.

- 카드 리더기(Reader): 딜러의 페이스 다운카드 값을 보는 기구이다.

- 웹 패드(Web Pad): 고객 및 직원, 테이블의 관리 업무를 위한 전산 시스템이다. 근무 테이블에 본인의 사번(이름)을 입력하고, 고객의 게임 실적 등 고객의 정보를 입력하는 곳이다.

- 셔플 머신(Shuffle Machine): 게임에 사용될 카드를 섞는 데 사용되는 기구이다.

- 팁 홀더(Tip Holder), 팁 박스(Tip Box): 팁 홀더는 팁을 넣는 박스 입구이고, 팁 박스는 팁을 넣어두는 기구이다.

4) 카드 밸류(Card Value)

- 2, 3, 4, 5, 6, 7, 8, 9, 10 → 카드 값을 액면 그대로 카운팅한다.
- 에이스(A) → 1 또는 11(Hard 또는 Soft)로 카운팅한다.
- Jack, Queen, King → 10으로 카운팅한다.
- 최초 드로잉된(Initial Two Card) 두 장의 카드 조합이 'A + any 10'이면 블랙잭(Blackjack)이라고 한다.
- 세 장의 카드 합이 21이면 '블랙잭'이 아니라 '21'로 계산한다.

카드의 합 21

- 고객은 에이스(A) 카드를 1 또는 11 중 유리한 쪽으로 계산한다. 하지만 딜러는 고객과 같이 유리한 식의 계산은 할 수 없으며, 조합되는 숫자대로 계산한다.

카드의 소프트와 하드 조합

	소프트(Soft)	하드(Hard)
카드의 가치 (Card Value)	A + 6 = 7 또는 17	10 + 7 = 17
	A + 7 = 8 또는 18	10 + 8 = 18
	A + 8 = 9 또는 19	10 + 9 = 19
	A + 9 = 10 또는 20	10 + 10 = 20
	A + 10 = Blackjack	10 + A = Blackjack

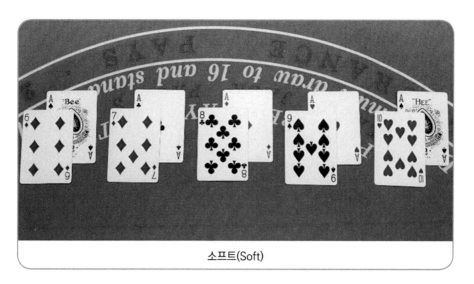

소프트(Soft)

하드(Hard)

1) 버닝카드(Burning Card)

(1) 정의

블랙잭 게임의 시작 혹은 중간에 카드를 페이스 다운으로 2장을 뽑아 디스카드 홀더(Discard Holder)에 버닝시키는 행위로 게임의 시작을 알리는 행위이다.

※ 버닝 카드의 수는 카지노의 영업 매뉴얼에 따라 다르다.

(2) 목적

카드 카운팅을 방지하고 게임 시작을 알리기 위해 실시한다.

(3) 버닝 방법

– 슈를 테이블 좌측에 놓고 왼손은 슈(Shoe) 위쪽에 가볍게 올려놓고 "Check! Burning Card"라고 콜링과 함께 오른손 검지, 중지, 약지를 이용하여 1장의 카드를 페이스 다운 상태에서 딜러 핸드 중앙까지 이동한다.

– 딜러는 카드의 내용이 보이지 않도록 레이아웃에 밀착시켜 레이아웃 중앙에 놓은 후 동일한 파지법으로 1장의 카드를 더 뽑아 오른손 검지에 힘을 주어 카드의 좌측면을 살짝 들리게 하여 처음 빼낸 버닝 카드 위에 포개어 놓는다.

– 딜러는 파지법에 의해 카드를 테이크하여 페이스 다운의 상태를 그대로 유지한 채 디스카드 홀더에 넣는다.

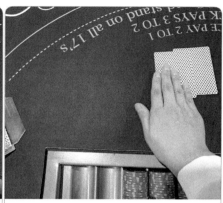

| 오른손 ②, ③, ④로 카드 뽑기 | 한 장을 더 뽑아 첫 번째 카드 위에 겹치기 |

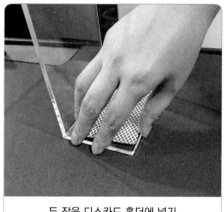

두 장을 디스카드 홀더에 넣기

2) 콜링(Calling)

(1) 정의

딜러의 실수를 방지하고 고객와 관리자에게 게임의 진행상황을 음성으로 명확하게 전달하기 위한 행위이다.

(2) 콜링에 의한 진행 순서

순서	콜링	콜링에 대한 내용
1	Bets down, please	고객의 베팅을 유도한다.
2	No more bet, please	베팅의 종료를 알린다.
3	Card counting	딜러가 고객에게 정확하게 들리도록 숫자를 콜한다.
4	Blackjack	이니셜 투 카드가 블랙잭일 때 우선 콜링한다.
5	Surrender, Double, Split, Even money, Insurance, Pair, Last call 등 각종 옵션	각각의 경우 문제가 발생하지 않도록 딜러는 고객에게 한 번 더 복창하여 재확인한다.

3) 카드 드로잉(Card Drawing)

(1) 정의

딜러가 고객에게 카드를 배분하는 동작이다.

가. 파지법

고객과 딜러에게 카드를 배분하는 행위를 말하며, 딜러를 기준으로 좌에서 우로 드로잉한다.

① 왼손

- 슈(Shoe)에서 검지, 중지, 약지로 카드를 빼고 중지, 약지와 함께 잡는다.
- 왼손으로 카드를 뺀 후 손끝이 수평으로 되도록 엄지는 카드의 페이스 업(Face up) 면을, 나머지 검지, 중지, 약지, 소지는 카드의 페이스 다운(Face down) 면을 잡는다.

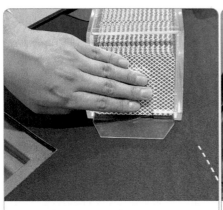

왼손 ②, ③, ④로 카드뽑기

손목을 돌려 카드를 오픈

② 오른손

– 엄지는 팔과 일직선이 되도록 중지의 두 번째 마디 안쪽에 위치한다.

– 엄지는 카드의 1/2 정도의 가운데 밑 부분 위치에 놓으며 T자형을 이루
도록 한다.

– 검지는 카드의 1/3 정도의 위치에 직각으로 세우고 방아쇠를 당기듯이
구부린다.

– 중지는 완만하게 살짝 구부리고, 약지와 소지도 힘을 빼고 살짝 구부리
며 카드의 뒷부분에 일렬로 붙인다.

③ 왼손은 오른손이 카드를 정확하게 잡을 수 있도록 도와주는 위치에서 카
드를 전달한다.

양손 연결 동작

나. 착지법

카드를 드로잉한 후 게임 매뉴얼에 따라 레이아웃에 바르게 올려놓는 행위
이다.

– 파지법에 의해 카드를 잡고 15° 정도 기울여 카드의 오른쪽 상단이 먼저
레이아웃에 닿도록 한다.

– 카드의 오른쪽 상단부터 가장 먼저 바닥에 놓으며, 카드가 흔들리지 않
도록 검지로 카드 윗면을 고정한다.

- 엄지와 중지를 자연스럽게 붙인 채 아래로 내린다.
- 직전 핸드를 스치고 지나치며 착지한다.
- 베팅 베이스에 착지한 후 검지의 손톱 부분으로 카드를 가볍게 누른 상태에서 카드 뒤쪽의 중지를 살짝 빼낸다.
- 팔꿈치를 축으로 하여 드로잉되는 카드의 끝부분이 포물선을 그리며 착지하도록 한다.
- 카드 높이를 3~5cm 정도로 하여 낮고 신속하게 수직으로 내려놓는다.
- 두 번째 카드(2nd Card)는 문양을 식별할 수 있는 위치에 내려놓는다. 첫 번째(1st Card)의 숫자와 문양이 보이도록 하며, 중앙 무늬의 반 이상을 가리지 않아야 한다.

숫자가 보여야 함

오른쪽 상단이 레이아웃에 먼저 착지

다음 Card를 Drawing하기 위해 이동 시

검지로 카드를 눌러 고정

두 번째 카드는 첫 번째 카드의 중앙 무늬가 반 이상 보이도록 착지

다. 카드 테이크 및 어레인지 방법

- 엄지, 검지를 페이스 업, 중지, 약지, 소지를 페이스 다운 면에 끼우면서
  카드를 걷는다.

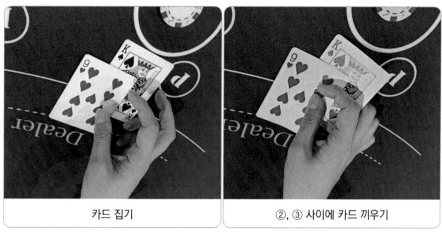

카드 집기	②, ③ 사이에 카드 끼우기

자연스럽게 쓸기	디스카드 홀더에 넣기

(2) 이니셜 투 카드(Initial Two Card)

- 딜러 기준으로 좌측에서 우측으로 카드를 분배한다.
- 1st 카드는 슈로부터 1장씩 드로잉하여 각각의 핸드에 페이스 업 상태로,
  딜러 카드는 페이스 다운 상태로 중앙에 첫 카드를 착지시킨다.
- 2nd 카드는 고객 1st 카드 위로 역시 페이스 업 상태로 양쪽 숫자가 보이도
  록 포개어 놓는다.

– 딜러는 1st 카드의 좌측에 페이스 다운의 상태로 나란히 놓는다(딜러의 2nd 카드는 페이스 다운 상태로 홀 카드라 부른다).

| 좌측부터 드로잉 | 페이스 다운의 홀 카드 |

4) 어디셔널 카드(Additional Card)

(1) 정의

어디셔널 카드는 이니셜 투 카드에서 고객의 의사에 따라 고객이 추가로 받는 카드이다.

(2) 드로잉 방법

– 카드 드로잉은 이니셜 투 카드와 동일하게 한다.

– 딜러는 정해진 지침에 의해 추가 카드를 받는다.

– 16 이하(17 미만)는 무조건 받으며, 17 이상(16 초과)일 때는 더 이상 받지 않는다.

어디셔널 카드 드로잉

5) 홀 카드(Hole Card)

(1) 정의

Player Hand 처리 후 Dealer Hand의 Card 값을 알기 위하여 홀 카드를 펼치는 동작이다.

(2) 홀 카드 드로잉 방법

- 첫 번째 카드는 왼손 검지, 중지, 약지로 뽑아 오른손 검지, 중지, 약지로 옮긴다.
- 카드는 중앙에 둔다.
- 두 번째 카드는 왼손으로 뽑아 중앙에서 첫 번째 카드와 겹치게 한다.
- 페이스 다운된 두 카드에서 두 번째 카드는 그대로 두고, 첫 번째 카드만 뒤집어 두 번째 카드 위에 올려놓는다.
- 오른손 엄지는 카드의 하단, 검지는 카드의 중앙, 중지, 약지, 소지는 카드의 오른쪽에 둔다.
- 왼손의 중지와 약지로 카드의 왼쪽을 정리한다.

페이스 다운으로 드로잉

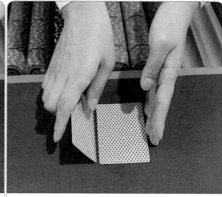

오른손으로 오픈

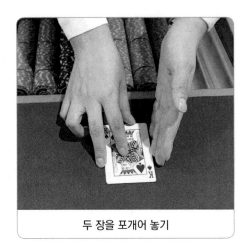

두 장을 포개어 놓기

6) 오픈 카드(Open Card)

(1) 정의

고객과 딜러의 이니셜 투카드 드로잉을 마치고 마지막 핸드까지 게임을 진행한 후 딜러의 홀 카드를 오픈하는 동작이다.

(2) 오픈 방법

– 오른손 엄지는 카드의 하단, 검지, 중지, 약지 소지는 카드 위에 올려놓는다.
– 윗장의 카드를 1cm 정도 상단에서 하단으로 당긴다.
– 두 장의 카드를 상단에서 하단 부분까지 잡아당긴 후 오픈한다.
– 카드 두 장이 나란히 보이도록 오픈하고 정리한다.

②, ③, ④, ⑤는 카드 윗면 위치

끌어 올린다

①은 카드 하단 위치

상단이 하단으로 오도록 세우기

7) 카운팅(Card Counting)

(1) 정의

고객 및 딜러 핸드를 구성하는 카드의 합을 실시간으로 호명하는 행위를 말한다.

(2) 목적

- 고객의 게임 관련 의사 결정을 정확하게 돕는다.
- 피트 내 간부의 게임 진행 상황 파악을 용이하게 한다.
- 딜러 자신의 실수를 방지하여 보호한다.

(3) 카운팅 방법

- 딜러 기준으로 좌에서 우의 순서로 카운팅한다.
- 이니셜 투 카드의 조합이 'A + Any 10'이면 "블랙잭"이라고 콜링한다.
- 고객이 히트(Hit)를 원하면 추가 카드를 한 장씩 분배하면서 그때마다 해당 핸드 값을 콜링한다. 이때 에이스 카드는 1 또는 11 중 유리한 쪽으로 선택하여 콜링한다.
- 고객이 스테이를 원하면 다음 핸드로 넘어간다. 추가 카드를 합산해서 21이 초과하면 "버스트(Bust)" 또는 "오버(Over)"라 콜링한다.
- 고객 오버 시 먼저 Chips Take 후 Card Take한다. 그리고 핸드로 넘어가서 의사 결정을 묻는다.
- 카드 테이크(Card Take) 시 고객이 이길 경우 "윈(Win)", 졌을 경우는 "루즈(Lose)"라고 콜링한다.
- 카드의 합이 같을 경우 "푸시(Push)"라고 콜링하며 Card를 세워 가볍게 한 번 찍어준다.

푸시 방법

- 고객은 원하는 대로 받으나 딜러는 17까지만 받는다.
- 모든 고객의 게임 옵션 관련 절차가 종료되면 딜러의 홀 카드를 오픈하며 핸드 값을 콜링한다.

8) 수신호

(1) 정의

딜러의 실수를 방지하며 딜러 자신을 보호하기 위한 동작으로 오른손을 가지 런히 펴서 오른쪽부터 시계 방향으로 "Hit" 또는 "Stay"라고 고객에게 콜링한다.

(2) 방법

가. 히트(Hit)

현재 가지고 있는 카드에 추가 카드를 받는 고객의 게임 옵션으로 레이아 웃을 가볍게 톡톡 친다.

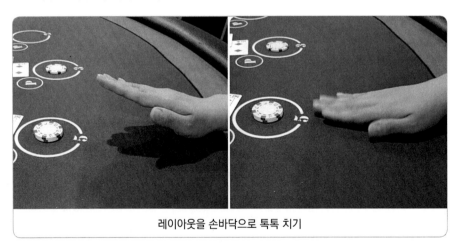

레이아웃을 손바닥으로 톡톡 치기

나. 스테이(Stay)

현재 가지고 있는 카드에 추가 카드를 더 이상 받지 않는 옵션으로 손을 펴 서 레이아웃 위에 평행으로 2~3회 흔들어 준다.

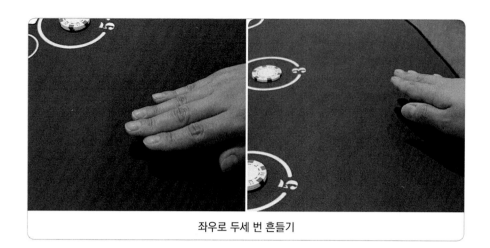

좌우로 두세 번 흔들기

다. 서렌더(Surrender)

이니셜 투 카드에서 오리지널 벳의 절반을 포기하는 조건으로 해당 라운드
의 게임을 중단하는 옵션으로 검지 하나만 펴서 레이아웃에서 가로선을 긋
는다.

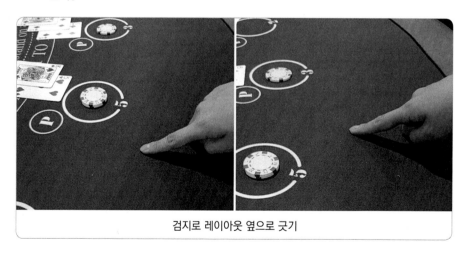

검지로 레이아웃 옆으로 긋기

라. 더블 다운(Double Down)

고객이 이니셜 투 카드에서 오리지널 금액 또는 그 이하의 금액을 추가로
베팅하는 옵션으로 검지를 펴서 한 장을 받겠다는 의미를 표시한다.

검지로 카드 한 장 더 받겠다는 의미

마. 스플릿(Split)

이니셜 투 카드의 숫자가 동일한 경우 오리지널 벳과 같은 금액을 베팅하여 각각의 핸드로 분리하는 옵션으로 검지와 중지를 V자로 펴서 표시한다.

검지와 중지로 핸드를 분리하는 의미

3 게임 옵션(Game Option)

1) 블랙잭 페이(Blackjack Pay)

이니셜 투 카드(Initial Two Card)의 합이 21인 핸드이며, 그 조합은 'A 에이스 + Any 10'인 경우이며, 1.5배 페이한다.

Blackjack Pay

칩스 개수	페이 개수	칩스 개수	페이 개수
1	1.5	11	16.5
2	3	12	18
3	4.5	13	19.5
4	6	14	21
5	7.5	15	22.5
6	9	16	24
7	10.5	17	25.5
8	12	18	27
9	13.5	19	28.5
10	15	20	30

(1) 딜러의 오픈 카드가 '10'이나 'Ace'가 아닌 경우

- 고객이 가진 이니셜 투 카드의 합이 'A'와 '10, J, Q, K'일 경우 블랙잭이라고 콜한다.
- 딜러는 고객이 이니셜 투 카드 드로잉 후 블랙잭이 있을 경우는 먼저 블랙잭 1.5배를 페이한 후 게임을 진행한다. 이때 딜러의 카드 값이 '10'이나 'A' 쇼잉(Showing)일 경우 제외시킨다.

블랙잭 페이

(2) 딜러 카드: '10' 쇼잉(Showing)의 경우

– 오른손 엄지와 검지로 카드 우측 상단 모서리를 왼손 엄지와 검지로 좌측
하단 모서리를 잡아 리더기에 카드의 우측 하단 모서리를 끼워 딜러의 홀
카드를 확인한다.

딜러 카드가 '10' 쇼잉일 때 진행 방법

Hole Card가 Ace가 아닌 경우	Hole Card가 Ace인 경우
확인한 후 좌에서 우측의 순으로 그대로 게임을 진행한다.	"Blackjack"이라고 외친 후 Hole Card Open하여 우에서 좌로 Hand를 처리한다.
단, "Blackjack"은 1.5배의 블랙잭 페이 처리 후 게임 진행한다.	
단 블랙잭이 두 군데 이상이면 오른쪽부터 페이한다.	이 경우는 "Blackjack"은 Push이고 그 밖의 핸드는 루즈이다.

(3) 딜러 카드: 'A' 쇼잉(Showing)의 경우

– 블랙잭 핸드의 고객에게 이븐 머니의 선택 의사를 묻는다.
– 이븐 머니를 원하는 고객에게 1배의 이븐 페이를 하고 고객의 카드를 테이
크한다.

– 이븐 머니를 원하지 않으면 그대로 게임을 진행한다.

– "인슈어런스"라고 콜링하고 다른 고객에게 인슈어런스 의사를 확인한다.

– 인슈어런스 의사가 있는 고객에게 오리지널 베팅의 최대 1/2 범위 내에서 희망 금액의 칩스를 베팅 스폿의 전면에 추가 베팅한다.

– 딜러는 인슈어런스의 베팅 금액을 확인하고 필요한 경우에는 고객의 베팅 금액의 1/2 이하가 맞는지 확인한 후 위치를 정리한다.

– 고객의 베팅 절차가 종료되면 "라스트 콜"이라고 한다.

– 딜러의 홀 카드를 확인하기 위해 오른손 엄지와 검지로 카드 우측 상단 모서리를 왼손 엄지와 검지로 좌측 하단 모서리를 잡아 리더기에 카드의 우측 하단 모서리를 끼운다.

🎲 딜러 카드가 'Ace' 쇼잉일 때 진행 방법

홀 카드가 10, J, Q, K가 아닌 경우	홀 카드가 10, J, Q, K인 경우
"No Blackjack"을 외친 후 인슈어런스 벳은 루즈가 되어 우 → 좌로 인슈어런스 벳을 테이크한다.	"Blackjack"을 콜링하고 Hole Card를 Open한다.
	확인한 후 우에서 좌 Hand별로 처리하고 게임을 종료한다.
확인한 후 "Blackjack"은 1.5배의 블랙잭 페이 처리 후 좌에서 우측의 순으로 그대로 게임을 진행한다.	인슈어런스 베팅을 하지 않은 핸드는 오리지널 베팅과 카드를 테이크한다.
	인슈어런스 베팅을 한 핸드는 루즈된 오리지널 벳으로 위닝한 인슈어런스 벳의 2배를 페이하고 차액만 테이크한다. 인슈어런스 벳은 고객에게 건네준다.
	이 경우는 'Blackjack'은 Push이고 그 밖의 핸드는 루즈이다.

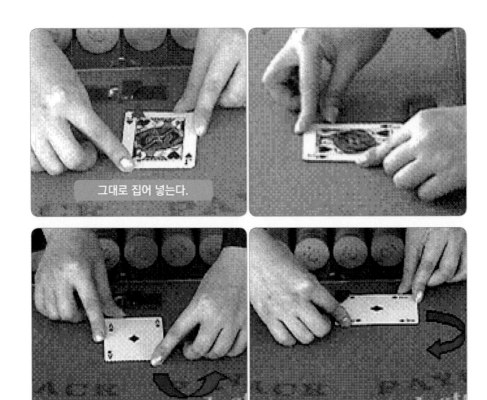

그대로 집어 넣는다.

2) 더블 다운(Double Down)

- 고객이 이니셜 투 카드에서 오리지널 베팅의 동일 금액을 추가로 베팅하는
  옵션으로 단 한 장의 카드만을 받는다.
- 드로잉 시 카드 파지법, 착지법과 동일하게 가로로 카드를 드로잉하여 세로
  로 놓여 있는 고객 카드 하단에 착지한다.

가로 파지법

가로 착지법

3) 스플릿(Split)

스플릿

- 이니셜 투 카드가 동일한 가치의 카드로 구성된 경우에, 이 두 장의 카드를 독립된 2개의 핸드로 나누어 게임에 참여하는 옵션이다.
- 오리지널 벳과 동일한 금액만을 추가 베팅한다.
- 'A' 카드를 스플릿할 때는 단 한 장의 카드만 추가되고 추가 드로잉되는 카드는 가로로 놓는다.
- 스플릿은 3회, 4핸드까지 가능하다.
- 스플릿 핸드에서는 서렌더는 불가능하며, 더블은 가능하다.

3회 스플릿, 4핸드	스플릿더블 다운

4) 이븐 머니(Even Money)

- 딜러의 쇼잉 카드가 에이스(Ace)이고, 고객의 이니셜 투 카드가 블랙잭일 때, 딜러 카드를 오픈하기 전에 동일한 금액(Even Pay)을 받고 승부를 미리 끝내는 옵션이다.
- 딜러가 A카드 쇼잉 상태에서 블랙잭을 가진 고객에게 이븐 머니 의사를 물으며, 고객이 '이븐 머니'라고 하면 베팅 금액의 1배를 지불하고 승부를 끝낸다.

5) 인슈어런스(Insurance)

- 인슈어런스는 딜러의 쇼잉 카드가 'A'가 되어 딜러가 블랙잭이 될 확률이 높을 경우 딜러가 블랙잭이면 고객이 무조건 루징하게 되므로 이를 대비하기 위해 별도의 베팅인 오리지널 벳의 1/2 이하를 베팅하는 것이다.

이븐 머니

(1) 딜러가 블랙잭인 경우

인슈어런스 벳이 없는 베팅은 모두 루징 처리한다. 인슈어런스 벳이 있는 베팅의 경우는 오리지널 벳은 루징되나, 인슈어런스 벳은 위닝한 경우가 되므로 고객은 인슈어런스 베팅의 2배 금액의 금액을 받는다. 즉 오리지널 베팅 금액을 되돌려 받는다.

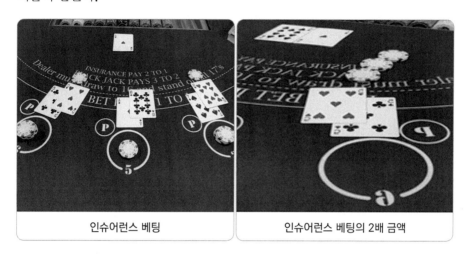

| 인슈어런스 베팅 | 인슈어런스 베팅의 2배 금액 |

(2) 딜러가 블랙잭이 아닌 경우

인슈어런스 베팅만 루징 처리되어 딜러가 수거한다. 이븐 머니를 받지 않은 블랙잭 핸드가 있는 경우 블랙잭 페이를 하고 난 후 정상적으로 게임을 진행한다.

6) 페어 게임(Pair Game-Pairs 11 to 1)

- 블랙잭 게임과 전혀 다른 독자적인 단순한 게임이 페어 게임이다.
- 처음 드로잉된 2장의 카드(Initial Two Cards)가 같은 가치를 지닌 경우(One Pair)이다.
- 페어가 나온 경우 11배 페이한다.

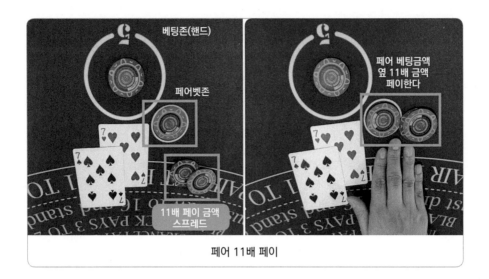

페어 11배 페이

7) 서렌더(Surrender)

플레이어가 자신의 카드 값에 승산이 없다고 판단했을 경우 오리지널 베팅의 1/2을 포기하고 나머지 금액 1/2을 지키고자 하는 옵션으로 이니셜 투 카드 상황에서만 가능하다.

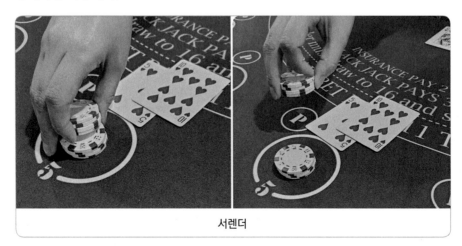

서렌더

A
♠

CASINO

CHAPTER
4

룰렛

Roulette

카지노 실무 매뉴얼

Chapter 4 ♣
룰렛

 룰렛(Roulette)

1) 유래

룰렛은 프랑스어로 '작은 회전판'을 뜻하며, 정확한 역사적 기록은 없으나 프랑스에서 시작되었다고 보는 설이 가장 유력하다.

2) 정의

- 카지노 게임 중에 초보자를 위한 게임으로 간주되며 회전하는 휠 위에서 딜러가 볼을 돌리고 그 볼이 숫자가 새겨진 홀의 어느 숫자 위에 떨어지는지를 맞추는 게임이다.
- 룰렛 휠에는 1부터 36까지와 0과 00의 2개 숫자를 합쳐 38개의 숫자가 있으며 볼이 어느 번호에 낙착하는지를 확률적으로 예측하는 게임으로 테이블 레이아웃에는 휠 헤드에 적힌 숫자와 같은 숫자들이 베팅할 수 있도록 그려져 있다.
- 볼과 휠은 반대 방향으로 돌다가 볼이 떨어져 들어가는 번호와 색, 그리고 홀짝에 의해 당첨 번호가 결정된다.
- 당첨 번호가 결정되면 딜러는 당첨되지 않은 칩스를 테이크하고 당첨된 플레이어에게 지정된 배율에 따라 칩스를 지불한다.

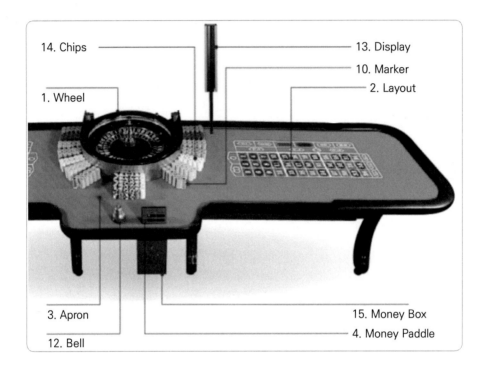

14. Chips
13. Display
10. Marker
1. Wheel
2. Layout
3. Apron
12. Bell
15. Money Box
4. Money Paddle

(1) **룰렛 휠**(Wheel) : 룰렛 게임을 하기 위하여 특별히 제작된 '0'과 '00'와 1에서 36까지의 번호가 새겨진 둥근 원형 판으로 38개의 번호가 동일한 간격으로 나뉘어 있다. 회전하다가 떨어진 볼이 홀에 낙착되어 위닝 넘버(Winning Number)를 결정짓는 것으로 정밀하게 제작되어 사용 시 항상 수평을 정확히 유지해야 하는 중요한 기구이다.

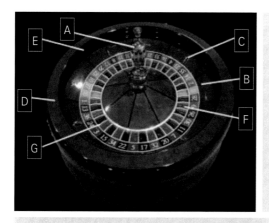

A. 휠 헤드(Wheel Head) : 강철로 제작된 휠의 머리 부분으로 번호판 위에는 색깔별로 번호가 조합되어 인쇄되어 있다.

B. 보울(Bowl) : 나무를 그릇처럼 움푹하게 깎아 회전판을 거치할 수 있게 해놓은 본체이다. 특수 나무 재질로 만들며 휠 헤드와 휠 전체 통판을 지탱하고 볼이 자연스럽게 낙하할 수 있도록 휠 헤드 쪽으로 경사지게 제작되어 있다.

C. 볼 컨트롤러(Ball Controller) 또는 카누(Canoes) : 볼의 낙착 지점을 조절하는 것으로 볼이 떨어지는 비탈진 부분에 부착된 다이아몬드형의 금속이다. 보울에 부착되어 있는 긴 마름모 형태의 쇳조각으로 카누처럼 생겼다 하여 카누라고 부른다. 볼이 포켓 속으로 들어가기 전에 여기에 부딪히기도 하면서 숫자의 정확한 낙하 지점을 예상하지 못하게 하는 장치이다. 각 휠마다 8개의 카누가 부착되어 있다.

D. 림(Rim) : 휠의 가장 윗부분으로 이 림 안쪽에 볼이 회전하는 휠 트랙이 있다.

E. 휠 트랙(Wheel Track) : 림의 안쪽 면에 일정한 깊이의 홈이 있는데 이것을 휠 트랙이라 한다. 딜러가 볼을 회전시켜 돌리는 곳으로 볼이 원심력에 의해 돌아가는 부분이다.

F. 홀(Hole) : 볼이 낙착되는 번호가 기입된 홈으로 포켓(Pocket)이라고도 한다.

G. 핀(Pin) 또는 프렛(Frets) : 홀과 홀 사이의 칸막이를 말한다.

(2) 레이아웃(Lay Out) : 룰렛 게임의 베팅 존과 번호 등이 인쇄되어 있는 천이다. 플레이어가 베팅을 할 수 있도록 휠과 같이 동일한 번호를 프린트해 놓는다. 레이아웃에 베팅 장소를 표시한 눈금선을 그리드(Grid)라고 한다. 레이아웃은 녹색이 가장 많아 주류를 이루며, 파란색과 빨간색의 레이아웃도 카지노의 특성에 맞춰서 도입되고 있다. 레이아웃이 대부분 녹색인 이유는 장시간 게임으로 플레이어들의 눈의 피로를 가장 적게 하는 것이 녹색이기 때문이다.

(3) 에이프런(Apron) : 칩스를 한 스텍(20개)씩 색깔별로 정리하여 놓는 곳이다.

(4) 플레이어 에이프런(Player Apron) : 플레이어들이 칩 등을 놓고 게임하는 구역을 말한다.

(5) 머킹 에이프런(Mucking Apron) : 룰렛 게임 중 Lose된 칩스를 테이크해 온

후에 칩을 줍는 장소이다.

(6) 레일(Rail) : 딜러가 게임 진행을 하는 공간이다. 수거해 온 칩이 테이블 밑으로 흘러내리지 않도록 약간의 높이가 있다.

(7) 머니 패들(Money Paddle) : 머니 박스에 지폐를 드롭시킬 때 사용한다.

(8) 라이트 윙(Right Wing) : 오른쪽 날개(테이블)이다.

(9) 레프트 윙(Left Wing) : 왼쪽 날개(테이블)이다.

(10) 마커(Maker) : 볼이 낙착되면 당첨 번호가 결정되는데, 이때 당첨 번호를 알리고 당첨된 번호 위에 올려 놓는 기구이다.

(11) 볼(Ball) : 휠 트랙에 대고 돌려 홀에 떨어지게 하는 상아 또는 플라스틱으로 만든 작은 공이다. 룰렛 테이블에는 항상 크기가 다른 2개의 볼을 배치하여 상황에 따라 볼을 바꾸어 사용하기도 한다.

(12) 벨(Bell) : 플레이어에게 베팅 시간의 종료를 알리는 기구이다.

(13) 위닝 넘버 디스플레이(Winning Number Display) : 위닝 넘버를 용이하게 확인할 수 있는 기록 및 표시 기능의 전광판을 말한다.

(14) 칩스(Chips) : 카지노 내에서 현금과 동일한 것으로서 게임 운영을 하기 위한 도구이다. 특히 룰렛 게임의 경우 플레이어는 게임에서 플레이 칩스를 사용한다.

- 머니 칩스(Money Chips) : 칩스 중앙에 금액이 표시되어 있는 칩으로서 그 가치만큼 현금으로 교환되는 칩스이다. 카지노에 따라 다양한 종류의 칩스가 있다.
- 플레이 칩스(Play Chips) : 룰렛에서 주로 사용하는 칩스이다. 플레이어 한 사람이 한 가지 색깔을 가지고 게임을 하며 플레이어들을 구별하기 위한 것일 뿐 게임이 끝나면 반드시 머니 칩스로 교환한 다음에 케이지(Cage)에서 현금으로 교환한다.

머니 칩스

에이프런에 정리된 플레이 칩스

플레이 칩스

(15) 머니 박스(Money Box) : 게임 중 칩스와 교환되는 현금이나 필/콜렉션
(Fill/Collection) 슬립을 드롭시켜 보관하는 박스로 테이블 아래쪽에 부착
되어 있다.

(16) 전자 룰렛 : 기술의 발달로 인해 룰렛 테이블의 윈/루즈(Win/Lose)를 전기
를 이용하여 레이아웃에 불이 들어오도록 만든 테이블로 이 전자 룰렛을
사용하는 카지노도 있다. 불이 들어와서 쉽게 당첨된 부분을 알 수 있어
편리하다.

(17) ETG(Electronic Table Game) 룰렛 : 딜러와 전자 베팅 시스템인 '터미널'이
결합된 게임으로 딜러가 볼을 회전시켜 볼이 휠 속의 어느 번호에 떨어져
멈출 것인가를 예측하는 게임이다. 화면상에 칩을 선택한 후 레이아웃 위
에 베팅하여 승부를 가린다. 플레이어 중 플레이어가 플레이어 터미널을
통해 베팅하면 딜러는 게임 딜링 및 게임 결과를 확인하여 게임 결과를
전송하고 플레이어는 모니터로 그 결과를 확인할 수 있다.

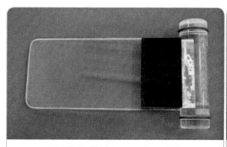
7. 머니 패들(Money Paddle)

10. 마커(Marker)

11. 볼(Ball)

12. 벨(Bell)

❸ 베팅의 종류와 배당률

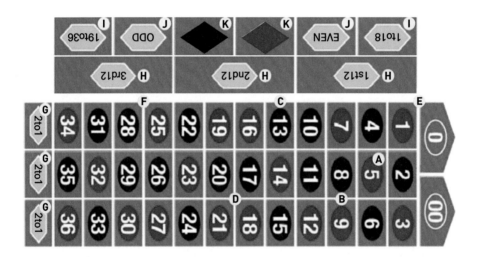

A Straight Bet   **B** Split Bet   **C** Street Bet   **D** Square Bet

E Five Number Bet   **F** Six Number Bet   **G** Column Bet   **H** Dozen Bet

I High/Low Number Bet   **J** Even/Odd Number Bet   **K** Color Bet

Bet 명칭	Bet 설명	배당률
A 스트레이트 벳(Straight Bet)	특정한 1개의 숫자에 베팅	35 to 1
B 스플릿 벳(Split Bet)	2개의 숫자 양쪽 중간에 걸쳐 베팅	17 to 1
C 스트릿 벳(Street Bet)	세로줄 3개 숫자의 라인에 베팅	11 to 1
D 스퀘어 벳/코너 벳 (Square Bet/Corner Bet)	4개의 숫자가 만나는 지점에 베팅	8 to 1
E 파이브 넘버 벳 (Five Number Bet)	0, 00, 1, 2, 3번의 5개 숫자에 베팅	6 to 1
F 식스 넘버 벳/라인 벳 (Six Number Bet/Line bet)	세로줄의 2열로 이어진 6개의 숫자에 베팅	5 to 1
G 컬럼 벳(Column Bet)	가로 12개 숫자로 이어진 줄에 베팅	2 to 1
H 더즌 벳(Dozen Bet)	12개의 숫자가 한 테두리로 커버하는 베팅	2 to 1
I 레드 앤 블랙(Red & Black)	숫자 배경색(검정 또는 빨강)에 베팅	1 to 1
J 이븐 앤 아드(Even & Odd)	짝수 또는 홀수에 베팅	1 to 1
K 로우 앤 하이(Low & High)	1~18(Low) 또는 19~36(High)의 숫자에 베팅	1 to 1

 4 스태킹(Stacking)

1) 정의

한 게임이 종료된 후 테이크된 플레이 칩스를 딜러가 양손을 이용하여 같은 컬러로 20개 단위로 모아 휠 에이프런에 정돈하는 것을 말한다. 머킹(Mucking)이라고도 한다.

2) 방법

① 엄지로 칩스의 아랫부분을 눌러 윗부분이 살짝 올라오면 검지로 집고 다시 엄지로 칩스를 손 안으로 말아 쥔다. 이때 중지, 약지, 소지는 칩스가 빠지

지 않게 잡아준다.

② 오른손 왼손을 번갈아 원 바이 원(One by One)으로 집어 양손에 각각 10개 정도가 모이면 왼쪽 손등이 레이아웃을 향하게 하고 오른손에 있는 칩스와 합쳐 양손의 칩스를 20개 단위로 모아준다.

③ 모아진 1스택(20개의 칩스)을 색상별로 에이프런에 정리한다.

1. 칩스의 아랫부분을 엄지로 누른다.

2. 손 안으로 말아쥔다.

3. 다음 칩스를 같은 방식으로 잡는다.

4. 양손을 번갈아 가며 한 개씩 줍는다.

5. 양손에 각각 10개 정도를 모은다.	6. 양손에 쥔 칩스를 합쳐 1스택을 만든다.

3) 주의 사항

- 스태킹 시 게임 운용에 먼저 필요한 칩스부터 줍는다.
- 오른쪽부터 스태킹하고 손등이 위를 향하도록 한다.
- 20개 미만의 칩스는 칩스 에이프런 앞에 정리한다.
- 속도를 내기 위해서는 손에 힘을 빼고 동선을 최대한 줄인다.

⑤ 칩스 커팅(Chips Cutting)

1) 슬라이드 커팅(Slide Cutting)

(1) **정의** : 에이프런에 정리되어 있는 1스택에서 5개 이하의 칩스를 떼어낼 때 사용하는 동작으로 15개 ~ 19개의 칩스를 신속히 만들 때 사용한다.

(2) **방법** : 1스택의 칩스를 파지법에 의해 잡고 칩스를 30도 정도 오른쪽으로 기울인 후 소지 쪽으로 비스듬히 레이아웃에 끌듯이 슬라이하여 원하는 개수만큼 떼어낸다.

1. 1스택을 잡고 레이아웃에 끌듯이
칩스를 스플릿해 준다.

2. 원하는 개수만큼 떼어낸다.

2) 양손 커팅(Two Hand Cutting)

(1) 정의 : 1스택의 칩스를 소정 개
수로 칩스를 끊듯이 만들어 내
는 동작으로 칩스의 개수를 쉽
게 확인하는 기본 동작이다.

(2) 방법 : 드롭 커팅(Drop Cutting)
으로 원하는 개수만큼 떨어뜨
린 후 양손을 번갈아 먼저 떨어
뜨린 칩스와 동일한 칩스 더미
를 반복적으로 만들어 내고 마
지막 남은 칩스는 Spread한다.

양손에 1스택씩 잡고 양손 커팅을 한다.

푸시(Push)

1) 정의

칩을 안전하고 신속한 방법으로 플레이어에게 전달하는 방법을 말한다.

2) 칩스 수량에 따른 푸시 방법

※ 1-엄지, 2-검지, 3-중지,
  4-약지, 5-소지

(1) **20개 이하** : 검지를 구부려 손
  톱을 칩스 상단(A)에 대고 엄지
  와 중지로 칩의 밑부분을 잡고
  나머지 손가락은 아랫부분을
  보조한 상태로 살짝 들어 플레
  이어에게 전달한다.

20개 이하 파지법

옆에서 본 모습

위에서 본 모습

(2) 21~34개 : 약지와 중지를 칩
스의 아랫부분에 대고 엄지는
칩스의 상단에 가볍게 올린다.

21~34개 파지법과 진행 방향

| 앞에서 본 모습 | 검지, 중지의 위치 |

(3) 35~39개 : 소지는 칩의 맨 뒤
(⑤)에 약지는 중간(④)에, 중지
는 칩의 맨 앞(③)에 위치한다.
엄지는 칩의 위(A)에, 검지는
칩의 앞쪽 윗부분(B)에 가볍게
올린다.

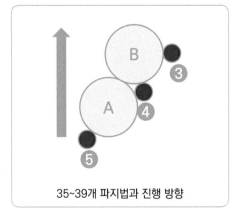

35~39개 파지법과 진행 방향

손가락의 위치

옆에서 본 모습

(4) **40개~59개** : 소지는 칩의 맨 뒤(⑤)에 약지는 중간(④)에, 중지는 칩의 맨 앞(③)에 위치한다. 엄지는 칩의 위(★)에, 검지는 앞쪽 칩스 부분(②)에 가볍게 올려 방향 전환을 용이하게 한다.

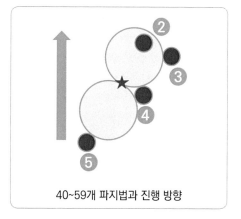

40~59개 파지법과 진행 방향

손가락 위치

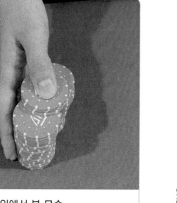

위에서 본 모습

(5) 60~79개 : 칩스를 작은 삼각형 모양으로 만든 후 중지, 약지, 소지를 동시에 칩스 아랫부분에 대고 엄지는 삼각형 중앙 지점(★)에 가볍게 올린다. 이때 검지는 A 칩스 측면에 자연스럽게 댄다.(위에 올리는 칩스는 삼각형 중앙 ★ 지점)

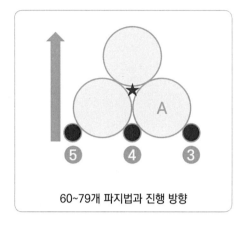

60~79개 파지법과 진행 방향

손가락 위치

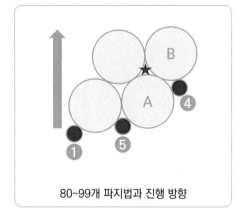

위에서 본 모습

(6) 80~99개 : 칩스를 마름모 모양으로 만든 후 약지와 소지를 동시에 칩스 사이에 댄 후 엄지를 대고 검지는 칩스를 감싸는 느낌으로 A, B 칩스 상단 부분에 가볍게 올리고 중지는 A, B 칩스의 측면에 가볍게 댄다. (위에 올리는 칩스는 ★ 지점)

80~99개 파지법과 진행 방향

| 손가락 위치 | 옆에서 본 모습 |

(7) **100~119개** : 칩스를 사다리꼴 모양으로 만든 후 푸시 요령은 80개 푸시와 동일하게 한다. (위에 올리는 칩스는 ★ 지점)

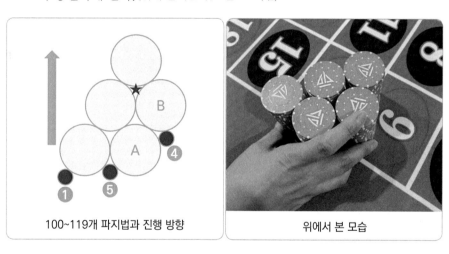

| 100~119개 파지법과 진행 방향 | 위에서 본 모습 |

(8) **120~139개** : 칩스를 큰 삼각형 모양으로 만든 후 소지, 약지, 중지, 엄지의 순으로 칩스 사이에 대고 검지는 A 칩스 상단 부분에 가볍게 올린다. (위에 올리는 칩스는 ★ 지점)

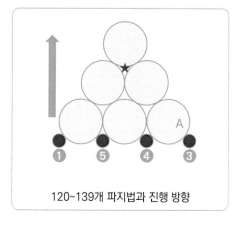

120~139개 파지법과 진행 방향

손가락 위치	위에서 본 모습

(9) 140~159개 : 소지와 약지, 엄지 순으로 칩스 사이에 대고 검지는 A, B 칩스를 감싸는 느낌으로 상단 부분에 올리고 중지는 A, B 칩스의 측면에 가볍게 댄다.(위에 올리는 칩스는 ★ 지점)

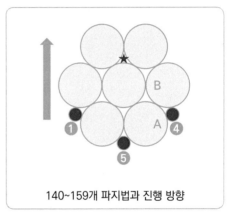

140~159개 파지법과 진행 방향

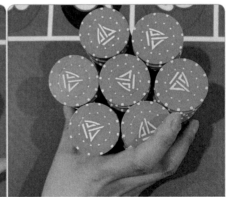

손가락 위치	위에서 본 모습

(10) 160~200개 : 푸시 요령은 140개 푸시와 동일하다.(올리는 칩스는 ★ 지점)

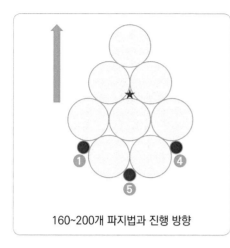

160~200개 파지법과 진행 방향

위에서 본 모습

 게임 진행

1) 콜링(Calling)

(1) 정의

정확한 딜링과 테이블 상의 모든 상황을 플레이어와 관리자에게 명확히 알려주기 위한 행위이다.

(2) 콜링에 의한 진행 순서

순서	콜링	콜링에 대한 내용
1	벳츠 다운 플리즈 Bets down please	게임이 시작되면 콜링한다. 베팅이 70~80% 이루어진 후 볼을 스핀한다. 콜링 후 레이아웃에 칩스가 정확하게 베팅되어 있는지 확인한다.
2	볼스 고잉 다운 Ball's going down	볼의 속도가 떨어지기 시작할 때 콜링한다.
3	노 모어 벳 플리즈 No more bet, please	볼이 떨어지기 3~4바퀴 전에 종을 1회 친다. 종을 친 후 콜링과 함께 반원 모양으로 핸드 시그널을 한다.

4	넘버 ** Number **	볼이 떨어진 것을 확인한 후 당첨 번호를 콜링한다.
5	아웃사이드 콜 블랙(레드) 앤 이븐(아드) (Black/Red & Even/Odd)	당첨 번호에 해당하는 아웃사이드 벳을 콜링한다.
6	토탈 칩스 콜 **개 페이	해당 배당률에 따라 칩스를 계산하여 세팅 후 플레이어에게 전달하면서 페이하는 칩스 개수를 콜링한다.

(3) 콜링의 중요성

- 플레이어에게 게임의 진행을 알림
- 관리자에게 게임의 정확성을 알림
- 딜러 스스로 실수를 예방

2) 볼 스핀(Ball Spin)

(1) 정의

휠 트랙에 회전시킨 볼이 자연스럽게 떨어져 위닝 넘버를 결정지어 주는 행위
이다.

(2) 볼 스핀 파지법

- 엄지와 검지, 중지로 볼을 잡는다.
- 검지 손톱과 중지 사이에 볼을 끼우고 휠 트랙에 밀착시킨다.

(3) 볼 스핀 방법

① 볼을 휠 트랙에 갖다 대고 검지를 구부려 검지와 중지 사이에 볼을 끼우고
   검지는 검지 첫째 마디 정도에 위치하도록 붙인다.
② 중지를 휠 트랙에 밀착시켜 살짝 끌어오면서 튕긴다.
③ 볼을 튕긴 후 손등이 위로 보이도록 자연스럽게 휠 림 밖으로 빼낸다.
④ 스핀 후 자연스럽게 주먹을 쥔 상태에서 휠을 빠져 나와 바로 Stacking 동
   작을 취한다.

| 볼 파지법 | 휠 트랙에 볼을 밀착시킨 모습 |

(4) 주의 사항

- 휠은 시계 반대 방향으로 돌리고 볼은 시계 방향으로 돌린다.
- 스핀은 왼쪽 날개에서 근무하는 딜러가 한다.
- 휠은 한눈에 숫자가 보일 정도의 속도로 돌려야 한다.
- 볼을 딜러 임의로 바꿀 수 없다.
- 게임이 진행 중인 상황에서 휠은 항상 회전 상태를 유지하며 정지하지 않도록 한다.
- 볼이 회전하는 동안 휠의 속도를 인위적으로 조절하지 않는다.
- 볼이 휠 밖으로 튀어 나온 경우 딜러 자리를 비우고 볼을 주우러 가지 않는다.
- 볼이 포켓에 떨어지기 3~4바퀴 전에 'No more bet'이라 콜한다.
- 딜러는 볼이 정지할 때까지 테이블을 살펴 잘못 베팅되어 있는 칩이 있으면 플레이어에게 확인 후 바로 잡는다.

(5) 노 스핀(No Spin)

볼을 회전시켰으나 여러 가지 상황에 의해 게임을 계속 진행할 수 없을 때 노 스핀을 선언하고 볼이 낙착되기 전에 잡아야 한다.

- 볼을 스핀하였으나 3~4바퀴 이상 회전이 불가능한 경우

- 볼이 휠 밖으로 튕겨 나간 경우

- 휠 안에 다른 볼이나 이물질 등이 들어간 경우

- 볼의 회전과 휠의 방향이 같은 경우

- 딜러가 실수로 볼을 놓친 경우

3) 마킹(Marking)

(1) 정의

딜러가 룰렛 휠에 돌린 볼이 낙착되면, 그 위닝 넘버를 레이아웃에 표시하는 행위이다.

(2) 마커(Marker) 파지법

손등이 테이블 레이아웃 쪽을 향하고 손바닥이 위를 향하게 하여 마커를 검지와 중지 사이에 끼워 잡고 엄지는 자연스럽게 검지에 붙인다.

(3) 마킹 방법

① 볼이 스핀하는 동안 레이아웃에 잘못된 베팅은 없는지 확인한다.

② 볼이 휠에 떨어지면 마커로 당첨 번호 위에 건 칩(칩이 없는 경우 해당 넘버 칸)에 올려 당첨 번호를 플레이어에게 큰 소리로 콜하여 준다.(당첨 번호, 색상, 홀짝의 순서로 콜링)

③ 당첨 번호를 잘못 판단하여 마킹하지 않았는지 다시 한번 확인한다.

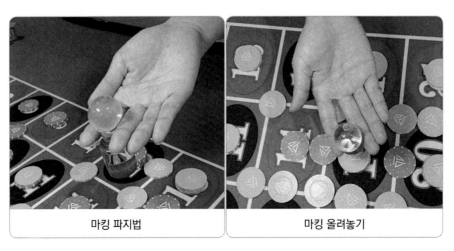

| 마킹 파지법 | 마킹 올려놓기 |

옆에서 본 모습

4) 테이크(Take)

(1) 정의

위닝 넘버가 결정된 후 루즈된 칩스를 가져오는 행위를 말한다. 테이크는 아웃사이드 테이크 → 주변 정리 → 인사이드 테이크 순으로 한다.

(2) 아웃사이드 테이크(Outside Take)

가. 방법

① 위닝 넘버를 콜한다.

② 위닝 넘버에 원 마커를 올려 놓는다.

③ 다시 한번 위닝 넘버를 확인한다.

④ 루즈된 컬럼 벳을 한쪽 손으로 찍어서 테이크한다.

⑤ 양손을 사용하여 루즈된 이븐 벳을 테이크한 후 더즌 벳의 칩스를 찍어서 테이크한다.

루즈된 컬럼 벳, 아드 벳을 찍어서 테이크

나. 순서

컬럼 벳(Column Bet) → 이븐 벳(Even Bet) → 더즌 벳(Dozen Bet)

다. 방향

오른쪽 테이블 : 오른쪽 → 왼쪽으로 테이크

왼쪽 테이블 : 왼쪽 → 오른쪽으로 테이크

(3) 인사이드 테이크(Inside Take)

가. 순서

① 주변 정리 : 양손을 이용하여 위닝 넘버 주위의 루즈된 칩스를 위닝 칩
스와 확연히 구분되도록 정리한다.

위닝 넘버(29번) 주변을 정리

② 정리된 칩 가져오기 : 양손을 이용하여 루즈된 칩스를 모으고 가급적 3회 동작 내에 테이크가 끝날 수 있도록 나누어 쓸어서 테이크한다.

레이아웃 위에 테이크되지 않은 칩스가 남아 있지 않는지 확인한다.

양손을 이용하여 루즈된 칩스를 에이프런 쪽으로 쓸어서 테이크

5) 페이(Pay)

(1) 정의

위닝 넘버를 맞춘 플레이어에게 지불 방법 및 순서에 따라 정확한 개수의 칩스를 전달하는 행위를 말한다.

(2) 순서(아웃사이드 → 인사이드)

가. 아웃사이드 페이(Outside Pay)

– 컬럼 벳(Column Bet) → 하이 (High) → 아드(Odd) → 블랙 (Black) → 레드(Red) → 이븐 (Even) → 로우(Low) → 더즌 벳(Dozen Bet) 순서로 페이

나. 인사이드 페이(Inside Pay)

– 라인 벳(Line Bet(Six Number

아웃사이드(더즌 벳) 페이

Bet)) → 스트리트 벳(Street Bet) → 스퀘어 벳(Square Bet) → 스플릿 벳 (Split Bet) → 스트레이트 벳(Straight Bet) 순으로 페이한다. (카지노마다 라인 벳과 인사이드 벳을 한꺼번에 페이하거나 따로 페이하기도 한다)

- 먼저 나갈 칩스를 위로 올려 정리하고 같은 컬러의 칩스를 전부 페이한 후 다른 컬러의 칩스를 페이한다.
- 위닝 칩스가 5개 이상인 경우 5개 단위로 끊어 지그재그로 쌓아 플레이어와 관리자가 한눈에 알아볼 수 있도록 한다.
- 딜러는 가능한 당첨 금액의 칩을 한꺼번에 페이하도록 한다.
- 한 번에 많은 개수의 플레이 칩을 페이하는 경우 머니 칩과 섞어 페이한다.(이 경우 플레이 칩 위에 머니 칩을 올려 페이한다.)
- 플레이어에게 페이하기 전 반드시 총합을 정확하게 해 준다.

마킹된 칩스 개수 확인

페이할 칩스 세팅

플레이어에게 푸시

6) 배수 암기 및 모양꼴

룰렛 게임의 진행을 위해 17배수와 35배수는 필수적으로 암기해야 한다.

🎲 배수표

구분	17배수	35배수
1	17	35
2	34	70
3	51	105
4	68	140
5	85	175
6	102	210
7	119	245
8	136	280
9	153	315
10	170	350
11	187	385
12	204	420
13	221	455
14	238	490
15	255	525
16	272	560
17	289	595
18	306	630
19	323	665
20	340	700

모양꼴

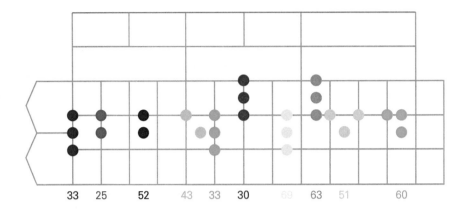

33 25 52 43 33 30 69 63 51 60

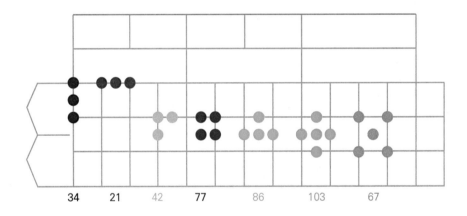

34 21 42 77 86 103 67

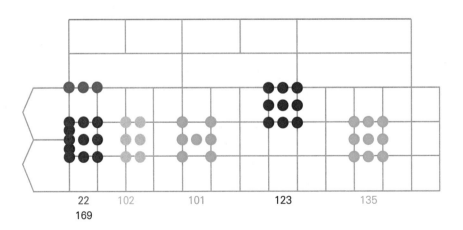

22 102 101 123 135
169

룰렛 머니 셀링 & 칩스 셀링(Money Selling & Chips Selling)

1) 머니카운트(Money Count)

(1) 정의

플레이어가 게임에 참여하기 위해 가지고 있던 현금을 칩스로 교환하는 것을 말한다.

(2) 목적

플레이어, 딜러, 관리자 및 하우스가 정확히 알게 함으로써 테이블에서의 착오를 방지하기 위함이다.

(3) 머니 셀링 진행 순서

진행 순서	동작 및 콜링
① 머니 카운팅	현금이 들어오면 왼손은 현금을 잡고 오른손은 귀 높이만큼 들어 Calling하여 테이블에 현금이 발생되었음을 관리자에게 알린다. ▶ 콜링 : 체크! 머니 카운트(Check! Money Count)
② 머니 세팅	현금을 1cm 정도의 간격을 두고 5장, 10장 단위로 놓는다. 세로로 칩스 에이프런에서 첫 번째 더즌 벳까지의 위치 안에서 현금을 가지런히 놓으며 플레이어도 들을 수 있는 목소리로 숫자를 카운팅한다. ▶ 플레이어 국적에 따른 언어 사용
③ 칩스 세팅	총액을 플레이어에게 확인 후 순서에 의해 페이할 칩스를 세팅한다. ▶ 플레이어 국적에 따른 언어 사용
④ 금액 확인	선서의 모양으로 오른손을 귀 높이만큼 들고 현금 총액수와 칩스 금액을 Calling한다. ▶ 콜링 : 체크! 00원 페이(Check! 00원 Pay)
⑤ 칩스 페이	관리자의 사인을 득한 다음 칩스를 어레인지하여 칩스 금액을 콜링하며 플레이어에게 전달하여 준다.
⑥ 머니 드롭	어레인지한 금액을 체크한 후 관리자의 사인을 득하여 현금을 머니 박스에 넣는다. ▶ 콜링: 체크! 00원 다운(Check! 00원 Down)

| 10만 원 머니 셀링 | 20만 원 머니 셀링 |

2) 컬러 체인지(Color Change)

(1) 정의

고액 칩스를 저액 칩스로 바꾸는 동작을 말한다.

(2) 컬러 체인지 진행 순서

진행 순서	동작 및 콜링
① 금액 확인	플레이어의 고액 칩스가 들어오면 0, 00 사이에 금액별로 커팅한 후 플레이어에게 재확인한다. ▶ 플레이어에게 고액 칩스 금액 확인(플레이어 국적에 따른 언어 사용)
② 칩스 세팅	체인지할 금액만큼 저액 칩스를 세팅한다.
③ 금액 확인(저액)	체크! 하며 페이 액수를 콜링한다. ▶ 콜링: 체크! 컬러 체인지 00원(Check! Color Change 00원)
④ 칩스 페이	관리자의 사인을 득한 다음 저액의 칩스를 콜링하며 플레이어 앞까지 전달하여 준다. ▶ 플레이어 국적에 따른 언어 사용
⑤ 칩스 어레인지	레이아웃의 고액 칩스를 테이크하여 머니 칩스 에이프런에 어레인지한다.

<table>
<tr><td>20만 원 컬러 체인지</td><td>30만 원 컬러 체인지</td></tr>
</table>

3) 캐시(Cash)

(1) 정의

저액 칩스를 고액 칩스로 바꾸는 동작을 말한다.

(2) 캐시 진행 순서

진행 순서	동작 및 콜링
① 금액 확인(고액)	플레이어의 저액 칩스가 들어오면 첫 번째 더즌 벳 레이아웃의 하단에 저액 칩스를 금액별 커팅한 후 플레이어에게 재확인한다. ▶ 플레이어에게 저액 칩스 금액 확인(플레이어 국적에 따른 언어 사용)
② 칩스 세팅	저액 칩스 오른편에 캐시할 칩스를 좌에서 우, 고액 순으로 세팅한다.
③ 금액 확인(저액)	체크! 하며 페이 액수를 콜링한다. ▶ 콜링: 체크! 캐시 00원(Check! Cash 00원)
④ 칩스 페이	관리자의 사인을 득한 다음 페이할 고액의 칩스를 콜링하며 플레이어 앞까지 전달하여 준다. ▶ 플레이어 국적에 따른 언어 사용
⑤ 칩스 어레인지	레이아웃의 저액 칩스를 테이크하여 플레이 칩스 에이프런에 어레인지한다.

20만 원 캐시	30만 원 캐시

CASINO

CHAPTER
5

바카라
Baccarat

♠ ♥ ♦ ♣

카지노 실무 매뉴얼

Chapter 5 ♣ —————————————

바카라

 ① 바카라

1) 유래

바카라(Baccarat)는 고대 에트루리아의 아홉 신들의 의식 연구에서 기초로 하여 도박사 Falguire에 의해서 만들어졌다. 'Baccarat'라는 말은 '0'을 의미하는 이탈리아어 'Baccar'로부터 유래한 것으로 게임에서 카드 3장의 카드 숫자의 합(Value)이 '0'일 경우를 말한다.

2) 정의

각 핸드(고객 자리)마다 각각 플레이어와 뱅커 베팅존이 있어 플레이어 또는 뱅커 둘 중 선택하여 베팅할 수 있고, 플레이어와 뱅커의 카드 숫자의 합(Value)을 비교하여 '9'에 가까운 쪽이 이기며(Winner), 카드 숫자의 합(Value)이 같을 경우에는 무승부(Tie)가 된다.

3) 종류

(1) 커미션

뱅커 사이드가 이길 경우, 고객에게 페이 시 베팅한 뱅커 금액의 5% 공제 후 남은 금액을 페이해 준다.

칩스의 색상을 분리한 후 페이한 칩스에서 커팅과 스프레드를 사용하여 커미션을 계산하고 "커미션 얼마입니다."라고 콜링하여야 한다. 커미션을 공제한 후 남은 칩스는 고객에게 밀어준다.

[그림 5-1] 커미션 페이 방법

원금 확인 　　　　　페이할 금액에서 커미션 5% 공제

남은 금액 지급

(2) 노커미션

뱅커 카드의 합이 '6'으로 이긴(Win) 경우(3번째 카드 포함), 페이 시 뱅커 사이드 금액의 50% 금액만 페이해 준다.

① 뱅커 사이드 카드 숫자의 합이 "6"으로 이겼을 때
 – 뱅커 사이드 카드를 플레이어 사이드 카드 위치보다 2cm 위에 올려놓는다.
 – 마커를 뱅커 카드 위쪽에 위치해놓고 "체크(Check) 뱅커 6(Six) 윈(Win)"이라고 콜한다.
 – 플레이어 사이드 칩스를 테이크 후 뱅커 사이드 페이한다.
 – 베팅 금액(원금) 1/2만 페이한다. ex) 10만 원일 경우 5만 원 페이(하프 페이)
 – 마커 위치(뱅커 사이드 위쪽)
  2장일 경우: 2장의 Card 사이 / 3장일 경우: 3장의 중간 Card 위쪽

② 페이 방법을 파악한다.
 – 반드시 베팅(원금) 칩스는 스프레드하여 확인한다.
 – 페이할 칩스는 칩스 트레이 앞에서 스프레드 확인 후 페이한다.
 – 페이가 완전히 종료된 후 플레이어는 칩스를 가지고 갈 수 있다.

[그림 5-2] **노커미션 페이 방법**

뱅커 사이드 카드 합 "6"으로 이김　　　　원금 칩스를 반으로 나눔

반으로 나눠진 금액에 키 맞추어 페이

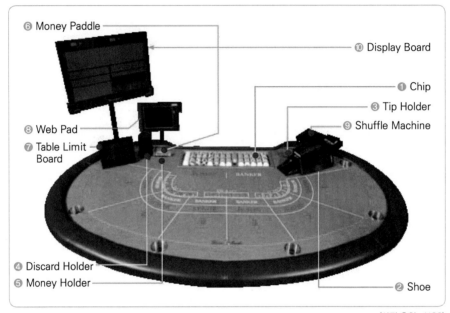

② 용어

1) 기구 용어

[그림 5-3] **바카라 테이블**

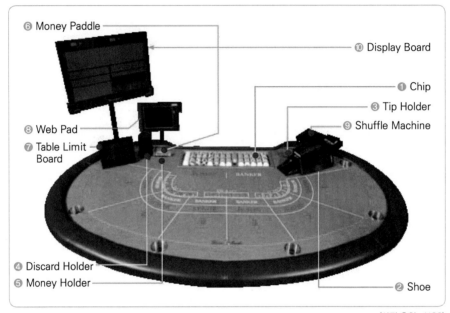

⑥ Money Paddle

⑩ Display Board

❶ Chip

❸ Tip Holder

❾ Shuffle Machine

⑧ Web Pad

❼ Table Limit Board

❹ Discard Holder

❺ Money Holder

❷ Shoe

(사진 출처 : NCS)

[표 5-1] 기구 명칭

명칭	사진	설명
레이아웃 (Layout)		테이블 커버
카드 (Card)		1 Deck = 52장(각 슈트별 13장 * 4문양) ♠(스페이드), ♦(다이아몬드), ♣(클로버), ♥(하트) : 각 문양당 A, 2, 3, 4, 5, 6, 7, 8, 9, 10, J, Q, K
슈(Shoe)		셔플 완료된 카드를 넣는 기구
디스카드 홀더 (Discard Holder)		게임 진행 완료된 카드를 놓는 곳
인디케이트 카드 (Indicate Card)		① 게임 종료를 알리기 위한 카드 ② 게임 시작 시 고객에게 커트 요청 하기 위한 카드
랙 (Rack)		칩스를 보관하는 곳

셔플 머신 (Shuffle Machine)		카드를 셔플하는 기계 (사진 출처 : NCS)
리미트 보드 (Limit Board)		테이블 게임에 참여하여 고객이 칩스 베팅 시 최저 베팅 금액과 최고 베팅 금액을 표시해 놓은 것
마커(Marker)		플레이어 사이드, 뱅커 사이드의 최고 베팅 또는 게임 시작 전 이긴 고객에게 카드를 드리기 위한 표시 기구

2) 게임 용어

[표 5-2] 게임 용어

용어	설명
바카라(Baccarat)	3장의 카드 합이 '0'일 경우
뱅커(Banker)	플레이어 반대 사이드
플레이어(Player)	뱅커 반대 사이드
타이(Tie)	플레이어 사이드와 뱅커 사이드가 같은 값일 경우
타이 벳(Tie Bet)	타이가 나올 것을 예상하고 칩스를 베팅하는 것
페어(Pair)	플레이어 사이드와 뱅커 사이드 최초 2장의 카드 숫자가 동일한 경우
페어 벳(Pair Bet)	페어가 나올 것을 예상하고 칩스를 베팅하는 것
내추럴(Natural)	최초 2장의 카드 합이 '8' 또는 '9'일 경우
스탠존(Stand on)	최초 2장의 카드 합이 '6' 또는 '7'일 경우
드로우(Draw)	룰에 의해 카드를 한 장 더 줄 때 사용하는 콜링
메인 바카라(Main Baccarat)	바카라 테이블 중 베팅 금액이 가장 높음(VIP 고객 이용)
미디 바카라(Midi Baccarat)	중간 사이즈 바카라(VIP 고객 이용)
스쿱(Scoop)	메인 바카라에서 손이 닿지 않는 먼 곳에 카드를 드로잉하거나 테이크할 때 사용하는 기구
스쿠퍼(Scooper)	스쿠프를 사용하는 딜러

페이맨(Pay Man)	메인 바카라 게임에서 칩스 테이크 & 페이를 담당하는 딜러
스퀴즈(Squeeze)	고객이 카드를 보는 행위
디퍼런스 리미트 (Difference Limit)	메인 바카라에서 사용하는 리미트로 플레이어 사이드와 뱅커 사이드의 베팅 차액
커미션(Commission)	뱅커 사이드가 이길 경우 베팅 금액의 5%를 커미션 공제 후 남은 금액 고객에게 페이
노커미션(No Commission)	뱅커 사이드가 이길 경우 베팅 금액의 50%를 커미션 공제 후 남은 금액 고객에게 페이
쇼업카드(Show up Card)	게임 시작 전 실시하는 프리 게임. 오픈 게임(Openning Game)이라고도 한다.

③ 카드 밸류(Card Value)

1) Ace는 '1'로 계산한다.

2) 10, J, Q, K는 '0'으로 계산한다.

3) 나머지 카드(2, 3, 4, 5, 6, 7, 8, 9)는 카드에 표시된 숫자로 그대로 계산한다.

4) 2장 또는 3장의 합이 10 이상(두 자릿수)이 된 경우에는 합의 끝자리 일의 자리만 계산한다. ex) 2 + 3 + 8 = 13에서 '3'으로 계산

④ 절차와 규칙

1) 고객은 플레이어 또는 뱅커 중 원하는 곳에 베팅할 수 있으며, 타이와 페어도 별도로 베팅할 수 있다.

2) 룰에 의해서 오픈 게임으로 한 게임을 진행하거나, 카드 한 장을 오픈하여 나온 숫자만큼 카드를 버닝한다.

3) 딜러는 플레이어, 뱅커 순으로 각각 두 장씩 카드를 페이스 다운으로 드로 잉한다.

4) 드로잉된 각 사이드의 카드가 페어인지를 확인하고 페어 벳을 먼저 처리한다.

5) 플레이어 및 뱅커 카드 두 장의 합을 확인한 후 룰에 의해서 추가로 카드 드 로잉 여부를 결정한다.

6) 플레이어와 뱅커의 합이 '9'에 가까운 쪽이 이긴다.

 ## 콜링(Calling)

[표 5-3] **콜링 방법**

순서	콜링	비고
게임 시작	Bets down, please(베팅해 주십시오)	고객 베팅 유도
	Any more bet(베팅하실 분 안 계십니까)	신속한 게임 진행을 위한 베팅 유도
	No more bet, please(추가 베팅 없으시면 진행하겠습니다)	베팅 종료와 동시에 게임 시작 알림
게임 중	Card for player Card for banker Player's Banker's.	각 사이드에 1, 2번째 카드 드로잉 시
	Player "00(카드 합산 숫자)", Banker "00(카드 합산 숫자)"	1, 2번째 카드 합
	Both side draw	각 사이드에 3번째 카드 드로잉 시
	One more card for Player, draw "00(3번째 카드 숫자)" makes "00(총 카드 합산 숫자)"	1) 숫자의 합이 변할 경우 : makes (1, 2번째 카드 + 3번째 카드)
	One more card for Banker, draw "00(3번째 카드 숫자)" makes "00(총 카드 합산 숫자)"	
	One more card for Player, draw "Zero" still "00(총 카드 합산 숫자)"	2) 숫자의 합이 변하지 않을 경우 : still (1, 2번째 카드 + 3번째 카드) 10, J, Q, K
	One more card for Banker, draw "Zero" still "00(총 카드 합산 숫자)"	
	One more card for Player, draw "00(3번째 카드 숫자)" makes "00(총 카드 합산 숫자)" Tie hand	3) 3번째 카드 드로잉 후 비길 경우 : Tie

게임 종료	Player win(or Banker win)	
기타	Player "00(총 1, 2번째 카드 합산 숫자)", Banker also "00(총 1, 2번째 카드 합산 숫자)" for Tie hand.	3번째 카드 드로잉 없이 비길 경우

⑥ 카드 드로잉(Drawing)

1) 플레이어 / 뱅커 카드 드로잉 시

(1) 중지③에 힘을 조금 주고 다음 검지②, 중지③, 약지④ 순으로 카드를 슈에서 꺼낸다.

(2) 카드를 슈에서 꺼낼 때 손가락에 힘을 주지 말고 부드럽게 꺼낸다.

(카드를 꺼낸 방향이 레이아웃과 수평이 되게 한다.)

(3) 첫번째 카드 상단으로 카드가 올라가도록 조금 빠르게 꺼낸다.

[그림 5-4] **카드 드로잉**

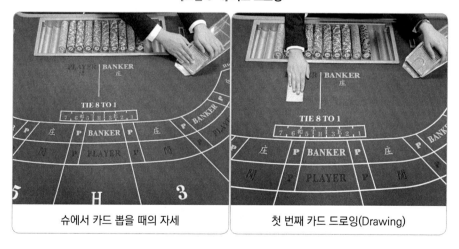

슈에서 카드 뽑을 때의 자세	첫 번째 카드 드로잉(Drawing)

두 번째 카드 드로잉

2) Player / Banker의 두 번째 카드를 뽑아 겹친다

(1) Player Card 뽑을 때 Banker 1st Card에 닿지 않도록 한다.

(2) Card를 겹칠 때는 검지를 사용해 조금 눌러 주는 느낌으로 올려 준다.

[그림 5-5] 2번째 카드 드로잉

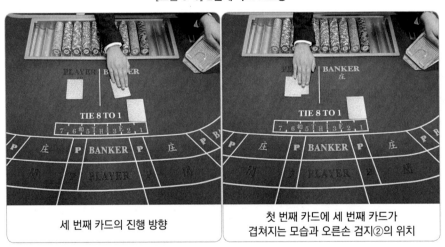

세 번째 카드의 진행 방향

첫 번째 카드에 세 번째 카드가
겹쳐지는 모습과 오른손 검지②의 위치

두 번째 카드 위에 네 번째 카드가
겹쳐지는 모습과 오른손 검지의 위치

3) 플레이어 사이드부터 카드 오픈한다

(1) 검지②, 중지③, 약지④를 이용해 가지런히 정리(Arrange)한다.

(2) 정리 시 검지②, 중지③, 약지④를 이용하여 두 장의 카드를 이동 정리한다.
(이때 손가락을 구부리지 말되 손끝 1마디 정도는 카드의 윗면에 대어 준다.)

(3) 정리가 끝난 후 카드에서 손을 뗄 때에는 자연스럽게 손톱을 이용하여
Card가 손에 붙지 않도록 한다.

(4) 플레이어 사이드 카드는 중앙선 / 뱅커 사이드 카드는 플레이어 카드에서
1cm 정도 띄운 위치에 놓는다.(카드 놓는 위치는 레이아웃에 따라 달라질 수 있다.)

(5) 뱅커 사이드 카드 오픈 후 룰에 의해 3번째를 추가로 드로잉 하는 경우에
는 공간을 여유롭게 넓혀준다.

[그림 5-6] 카드 오픈 방법

카드 오픈 파지법	카드 오픈 후 정리(Arrange) 시 파지법 및 플레이어 카드의 위치

카드 오픈 모습	카드 정리 시 중지③ 위치

카드 오픈 후 정리 시 파지법 뱅커 카드의 위치

4) 뱅커 카드 오픈 후 룰에 따라 3번째 카드를 뽑는다

(1) 3번째 카드는 레이아웃과 수평, 카드를 90도 회전하여 드로잉한다.

(가로 모양으로)

(2) 3번째 카드를 왼손에서 오른손으로 전달할 때는 왼손으로 슈 앞에서 빼낸
후 오른손이 슈 앞에 있는 카드를 바로 파지법으로 잡고 드로잉하도록 한다.

[그림 5-7] **3번째 카드 드로잉**

| 3번째 카드 드로잉 시 왼손 파지법 | 왼손 → 오른손으로 전달 |

오른손의 파지법 및 카드 위치

⑦ 룰(Rule)

1) 플레이어 사이드

[표 5-4] 플레이어 사이드 룰

플레이어 사이드 최초 카드 2장의 합	규칙	비고
0, 1, 2, 3, 4, 5	카드 숫자의 합이 '5' 이하일 경우 1장의 카드 무조건 받음	–
6, 7	세 번째(Third) 카드를 더 이상 받지(드로잉) 않고 뱅커와 승부를 겨룸	Stand
8, 9	플레이어, 뱅커 모두 추가 카드를 받지 않고 승부가 결정됨	Natural

2) 뱅커 사이드

[표 5-5] 뱅커 사이드 룰

뱅커 사이드 최초 카드 2장의 합	세 번째(Third) 카드를 받을 경우	세 번째(Third) 카드를 받지 않을 경우	비고
3	0, 1, 2, 3, 4, 5, 6, 7, 9	8	–
4	2, 3, 4, 5, 6, 7	0, 1, 8, 9	
5	4, 5, 6, 7	0, 1, 2, 3, 8, 9	
6	6, 7	0, 1, 2, 3, 4, 5, 8, 9	
7	세 번째 카드를 더 이상 받지(드로잉) 않고 플레이어와 승부를 겨룸		Stand
8, 9	플레이어 뱅커 모두 추가 카드를 받지 않고 승부가 결정됨		Natural

※ 바카라 게임을 진행하는 딜러는 플레이어 사이드, 뱅커 사이드를 반드시 숙지하여야 한다.

(1) 플레이어와 뱅커의 최종 합이 동일한 경우 8배를 페이하는 바카라 게임의 옵션을 말한다.

[그림 5-8] 타이 게임 예

"9" 타이

"8" 타이

"7" 타이

3) 페어(Pair)

(1) 플레이어와 뱅커 사이드에 최초 카드 2장 드로잉한 후, 2장의 카드가 같은 숫자(Pair)일 경우, 게임 종료 후 제일 마지막에 해당하는 페어 벳 금액의 11배 페이하는 바카라 게임의 옵션을 말한다.

[그림 5-9] 페어 예

뱅커 9 페어	뱅커 3 페어

 게임 진행 순서

1) 고객은 플레이어 또는 뱅커 둘 중 원하는 곳에 베팅 가능, 타이와 페어도 베팅 가능하다.

[그림 5-10] 레이아웃

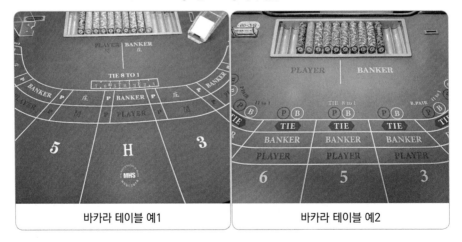

바카라 테이블 예1	바카라 테이블 예2

2) 오픈 게임 진행한다.

  (1) "오픈 게임"이라고 콜링한다.

[그림 5-11] **오픈 시 게임 진행(1회)**

오픈 게임 진행 모습

  (2) 플레이어 / 뱅커 / 플레이어스(Player's) / 뱅커스(Banker's) 순으로 콜링
    하면서 드로잉한다.

  (3) 오픈된 카드의 숫자만큼 카드를 뽑아 버닝시킨다.

  – 슈에서 카드 한 장을 뽑아 오픈 시 "체크 버닝 카드(Check, burning
    card)"라고 콜링(Calling)한다.

  – 나오는 숫자만큼 페이스 다운(Face down)으로 뽑아 버닝시키기도 한다.

  (4) 버닝 카드의 위치

[그림 5-12] **오픈 시 버닝 카드 드로잉**

버닝 카드 8인 경우	버닝 카드 3인 경우

3) 딜러는 플레이어, 뱅커 순으로 각각 2장씩 카드를 페이스 다운으로 드로잉
   한다.

[그림 5-13] 게임 시작 시 최초 2장 카드 드로잉

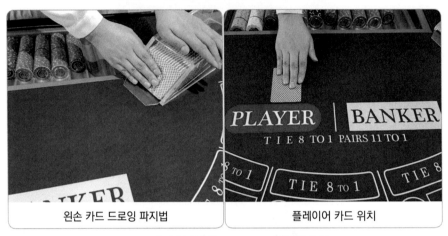

왼손 카드 드로잉 파지법　　　　플레이어 카드 위치

뱅커 카드 위치

4) 드로잉된 플레이어, 뱅커 카드가 페어인지 확인 후 페어 베팅을 테이크 또
   는 페이(원금 배당 11배)한다.

[그림 5-14] 페어 페이 방법

페어 페이 방법(고액페이)

페어 페이 방법(저액페이)

페이된 금액을 고객에게 밀어드림
(다른 페이에 방해되지 않기 위함)

5) 플레이어, 뱅커 각각 최초 2장 카드를 합한 후 정해진 룰에 따라 세 번째
(Third) 카드를 드로잉해야 할지 말아야 할지 여부가 결정된다.

[그림 5-15] 세 번째 카드 드로잉 방법

세 번째 카드 드로잉 시 왼손의 모습 | 왼손에서 오른손으로 전달

오른손의 파지법, 카드 위치

6) 플레이어, 뱅커 카드의 합이 9에 가까운 쪽이 이기게 된다. 이긴 쪽의 카드
는 고객 핸드 가까이 올려 표시해 준다. 비겼을 경우는 그대로 둔다.

[그림 5-16] 딜러 쪽에서 바라본 윈(Win) vs 루즈(Lose) 표시 방법

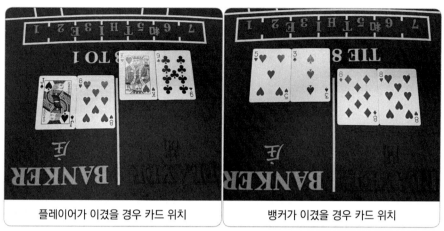

플레이어가 이겼을 경우 카드 위치	뱅커가 이겼을 경우 카드 위치

비겼을 경우 카드의 위치

7) 이긴 사이드는 페이(원금 1배= Even)하고, 반대편 사이드는 테이크(Take)한다.

(1) 테이크(Take)

- 순서는 보통 페어(Pair) → 타이(Tie) → 플레이어, 뱅커 중 루즈(Lose)된 칩스 순이다.

- 테이크한 칩스는 플레이어 순서대로 랙(Rack) 앞에 모아 놓고 페이가 끝난 후에 칩스 금액별로 정리하여 랙에 넣는다.

(2) 페이(Pay)

- 고액, 저액 칩스가 혼합되어 있는 경우 반드시 금액별로 나누어 고액부

터 페이한다.

– 플레이어가 기분 나쁘게 생각할 수 있으니, 루즈(Lose)된 칩스로는 페이
하지 말고 랙(Rack) 안에 있는 칩스로 페이한다.

[그림 5-17] **테이크(Take) & 페이(Pay)**

타이 벳 테이크

루즈(Lose)된 사이드 칩스 테이크

테이크한 모든 칩은 랙 안으로
넣지 않고 순서대로 랙 앞에 둠

모든 테이크가 끝난 후 페이

순서에 맞게 한 핸드씩 페이

8) 타이(Tie)일 경우 "타이(Tie)"라고 콜한 후 오른손으로 레이아웃을 2~3번 동시에 쳐서 고객에게 알린다.

[그림 5-18] **타이(Tie) 경우**

타이로 이긴 경우	타이일 경우의 딜러 수신호

윈(Win) / 루즈(Lose)

1) 내추럴(Natural)

(1) 뱅커 윈(Win) 경우

[그림 5-19] **뱅커 윈(Win) 경우**

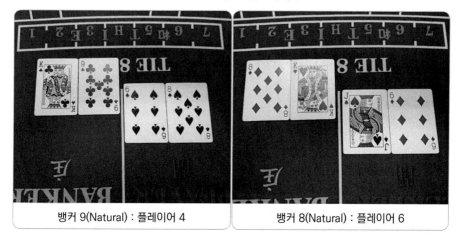

뱅커 9(Natural) : 플레이어 4	뱅커 8(Natural) : 플레이어 6

(2) 플레이어 윈(Win) 경우

[그림 5-20] **플레이어 윈(Win) 경우**

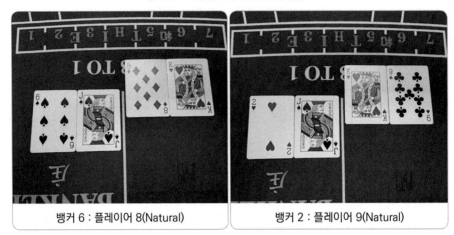

| 뱅커 6 : 플레이어 8(Natural) | 뱅커 2 : 플레이어 9(Natural) |

(3) 둘 다 내추럴(Natural) 일 경우(플레이어 Win, 뱅커 Win, Tie)

[그림 5-21] **플레이어, 뱅커 윈(Win) 경우**

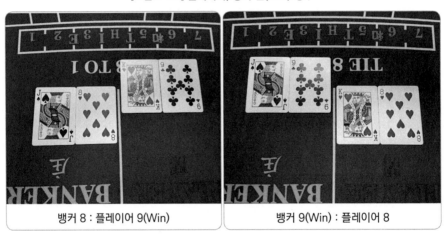

| 뱅커 8 : 플레이어 9(Win) | 뱅커 9(Win) : 플레이어 8 |

[그림 5-22] 타이(Tie) 경우

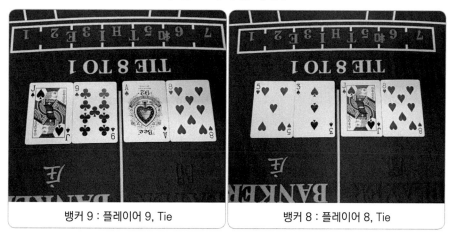

뱅커 9 : 플레이어 9, Tie　　　뱅커 8 : 플레이어 8, Tie

2) 스탠존(Stand on)

(1) 뱅커 윈(Win) 경우

[그림 5-23] 뱅커 윈(Win) 경우

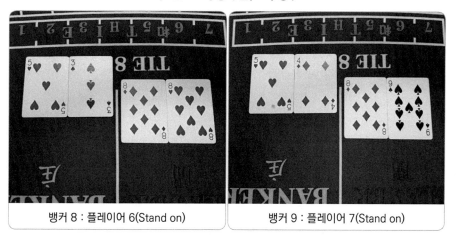

뱅커 8 : 플레이어 6(Stand on)　　　뱅커 9 : 플레이어 7(Stand on)

(2) 플레이어 윈(Win) 경우

[그림 5-24] **플레이어 윈(Win) 경우**

뱅커 7(Stand on) : 플레이어 8	뱅커 7(Stand on) : 플레이어 9

(3) 둘 다 스탠존(Stand on)일 경우(플레이어 Win, 뱅커 Win, Tie)

최초 카드 2장의 합이 뱅커 6, 7 또는 플레이어 7, 6일 때, 내추럴(Natural)과
동일하게 세 번째(Third) 카드 받지 않고 승부 결정

[그림 5-25] **플레이어, 뱅커 윈(Win) 경우**

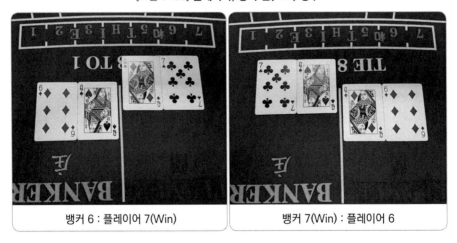

뱅커 6 : 플레이어 7(Win)	뱅커 7(Win) : 플레이어 6

(4) 뱅커 2 이하, 플레이어 5 이하일 경우

최초 카드 2장의 합이 뱅커 2 이하, 플레이어 5 이하일 때 세 번째(Third) 카드를 모두 받는다.

[그림 5-26] **뱅커 2 이하 플레이어 5 이하**

뱅커 4(Win) : 플레이어 0

뱅커 5(Win) : 플레이어 2

뱅커 7 : 플레이어 7, 타이(Tie)

뱅커 2 : 플레이어 5(Win)

(5) 뱅커 3, 플레이어 5 이하일 경우

- 뱅커 3 이하, 플레이어 5 이하일 때 플레이어 세 번째(Third) 카드 8을 제외
  하고 뱅커 세 번째(Third) 카드를 받는다.(첫 번째 그림)
- 뱅커 3 이하, 플레이어 5 이하일 때 플레이어 세 번째(Third) 카드 8일 경우
  뱅커 세 번째(Third) 카드를 안 받는다.(두 번째 그림)

[그림 5-27] 세 번째(Third) 카드 받는 경우 vs 안 받는 경우

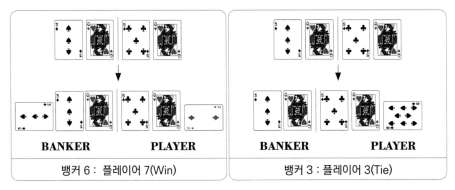

(6) 뱅커 4, 플레이어 5 이하일 경우

- 뱅커 4 이하, 플레이어 5이하일 때 플레이어 세 번째(Third) 카드 2, 3, 4, 5,
  6, 7일 경우 뱅커 세 번째(Third) 카드를 받는다.(첫 번째 그림)
- 뱅커 4 이하, 플레이어 5 이하일 때 플레이어 세 번째(Third) 카드 1, 8, 9일
  경우 뱅커 세 번째(Third) 카드를 안 받는다.(두 번째 그림)

[그림 5-28] 세 번째(Third) 카드 받는 경우 vs 안 받는 경우

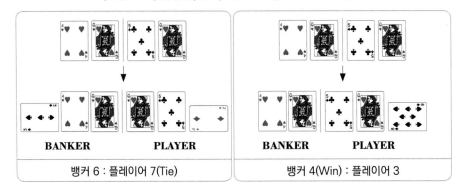

(7) 뱅커 5, 플레이어 5 이하일 경우

- 뱅커 5 이하, 플레이어 5 이하일 때 플레이어 세 번째(Third) 카드 4, 5, 6, 7
  일 경우 뱅커 세 번째(Third) 카드를 받는다.(첫 번째 그림)
- 뱅커 5 이하, 플레이어 5 이하일 때 플레이어 세 번째(Third) 카드 1, 2, 3,
  8, 9일 경우 뱅커 세 번째(Third) 카드를 안 받는다.(두 번째 그림)

[그림 5-29] 세 번째(Third) 카드 받는 경우 vs 안 받는 경우

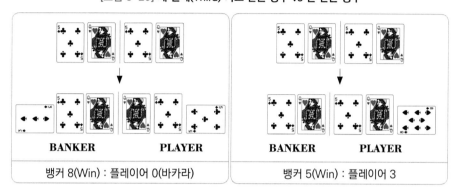

(8) 뱅커 6, 플레이어 5 이하일 경우

- 뱅커 6, 플레이어 5 이하일 때 플레이어 세 번째(Third) 카드 6, 7일 경우 뱅
  커 세 번째(Third) 카드를 받는다.(첫 번째 그림)
- 뱅커 6, 플레이어 5 이하일 때 플레이어 세 번째(Third) 카드 1, 2, 3, 4, 5,
  8, 9일 경우 뱅커 세 번째(Third) 카드를 안 받는다.(두 번째 그림)

[그림 5-30] 세 번째(Third) 카드 받는 경우 vs 안 받는 경우

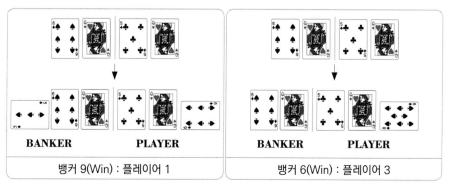

(9) 뱅커 7, 플레이어 5 이하일 경우

- 뱅커 7, 플레이어 5 이하일 때 플레이어는 세 번째(Third) 카드를 무조건 받고, 뱅커는 안 받는다.

[그림 5-31] 세 번째(Third) 카드 받는 경우 vs 안 받는 경우

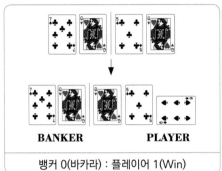

| 뱅커 0(바카라) : 플레이어 1(Win) | 뱅커 7(Win) : 플레이어 2 |

 ⑩ 커미션(Commission) / 노커미션(No Commission)

1) 커미션(Commission)

뱅커 윈(Win) 경우 뱅커 베팅 금액에서 5%(커미션) 공제하고 남은 금액을 고객에게 페이해 준다.

[그림 5-32] **커미션 경우**

| 베팅 금액 확인(칩스 커팅, 스프레드) | 커미션 5% 공제하고 남은 금액 페이 |

커미션 계산법

칩 개수	만 원	십만 원	백만 원
1	500	5,000	50,000
2	1,000	10,000	100,000
3	1,500	15,000	150,000
4	2,000	20,000	200,000
5	2,500	25,000	250,000
6	3,000	30,000	300,000
7	3,500	35,000	350,000
8	4,000	40,000	400,000
9	4,500	45,000	450,000
10	5,000	50,000	500,000

1) 칩스 금액 / 2 - 단위 0 제외
   10,000(만 원권)×5개 : 50,000원
   50,000 / 2 : 25,000원
   단위 0 제외 = 2,500원

2) 칩스(커미션)×개수
   10,000(만 원권)×5개 : 50,000원
   칩스 1개당 500원×5개 = 2,500원

2) 노커미션(No Commission)

뱅커 6으로 윈(Win) 경우 뱅커 베팅 금액에서 50%(커미션) 공제하고 남은 금액을 고객에게 페이해 준다.

[그림 5-33] 뱅커 6(win) 경우 마커 위치

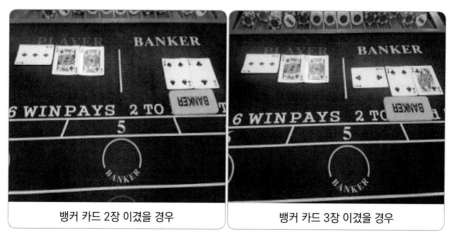

| 뱅커 카드 2장 이겼을 경우 | 뱅커 카드 3장 이겼을 경우 |

▩▩ 노커미션 계산법

1) 칩스 금액 / 2
- 10,000(만 원권)×5개 = 50,000원
  50,000 / 2 = 25,000원
- 100,000(십만 원권)×5개 = 500,000원
  500,000/2 = 250,000원
- 1,000,000(백만 원권)×5개 = 5,000,000원
  5,000,000/2 = 2,500,000원

2) 칩스 개수 / 2×금액
- 5개 / 2 = 2.5개
  2.5개×10,000 = 25,000원
- 5개 / 2 = 2.5개
  2.5개×100,000 = 250,000원
- 5개 / 2 = 2.5개
  2.5개×1,000,000 = 2,500,000원

CASINO

Appendix

부록

카지노 채용 규정

인스파이어 채용 규정

카지노 실무 매뉴얼

Appendix

카지노 채용 규정

㈜ 강원랜드

(자료: ALIO 공공기관 경영정보시스템)

1. 직원 평균보수

정규직(일반정규직) (단위: 천 원, 명, 월)

구분	2019년 결산	2020년 결산	2021년 결산	2022년 결산	2023년 결산	2024년 예산
기본급	48,939	34,745	49,736	54,246	54,897	53,742
고정수당	3,272	1,920	2,704	2,861	3,388	4,048
실적수당	8,926	5,286	5,866	6,268	7,609	11.346
급여성 복리후생비	2,886	2,878	2,814	2,798	2,247	1,612
성과상여금	10,367	11,033	9,894	11,677	7,656	9,368
(경영평가 성과급)	3,906	4,160	3,089	3,759	0	0
기타	1	14,811	2,427	2	2	0
1인당 평균 보수액	74,294	70,676	73,443	77,854	75,802	80,117
(남성)	77,797	74,477	76,197	81,219	79,000	83,499
(여성)	66,078	61,930	66,773	70,595	69,262	73,206
비 고	필요시 성별 평균보수액에 대한 부가설명 기재					
상시 종업원 수	3,448.50	3,511.42	3,462.92	3,486.17	3,511.83	3,601.00
(남성)	2,417.67	2,447.67	2,413.83	2,381.83	2,358.17	2,418.04
(여성)	1,030.83	1,063.75	1,049.08	1,104.33	1,153.67	1,182.96
평균근속연수	157	164	176	179	188	200
(남성)	159	167	179	184	193	205
(여성)	152	158	169	169	177	189
비 고	필요시 성별 평균근속연수에 대한 부가설명 기재					

* 경영평가 성과급의 경우 당해연도 예산은 경영평가 결과 미확정으로 0으로 기재

2. 강원랜드 카지노 사업장 현황

- 국내에서 유일하게 내국인의 카지노 출입이 허용
- 강원랜드 「폐광지역 개발지원에 관한 특별법(이하 폐특법)」 1998년 6월 설립
- 강원랜드는 폐특법에 따라 공공성 및 효율성을 위해 공공부문이 지분의 51.0%를 소유하고 있으며, 외국인 21.8%, 자사주 5.2% 등으로 지분이 분포
- 2020년 12월 기준 한국광해관리공단이 전체 지분의 36.3%를 보유하고 있으며, 국민연금관리공단이 6.8%의 지분을 보유, 강원랜드에 2020년은 △인허가 △관련 규제 대응 △윤리경영 강화 △장기 전략계획 재수립 등 중요성이 큰 해로 적극적인 활동이 요구되었으나, 코로나-19(COVID-19) 확산으로 활동이 위축
- 한시법인 폐특법은 2005년과 2015년에 각각 10년씩 두 차례 연장된 바 있으며, 2021년 2월 임시국회에서 법안의 효력 시한을 현행 2025년에서 2045년으로 20년 연장하는 개정안이 통과
- 폐특법 개정안에는 강원랜드가 납부하는 폐광기금의 기준이 순이익(법인세차감전 순이익의 25%)에서 매출(카지노 매출의 13%)로 바뀌는 내용도 포함

강원랜드 공개경쟁채용 전형별 세부기준

[개정 2019.09.27.]

전형절차	전형대상	전형방법	평가위원	합격기준
서류전형	모든 지원자	• 입사지원서 적격·부적격 판정 • 채용분야별 자격요건 충족여부 확인	외부위원을 포함한 3인 이상의 위원으로 구성 (외부위원 과반)	적·부판정 (적격자 전원)
필기전형/실기전형 (인성검사)	서류전형 합격자	[필기전형] • NCS직업기초능력 평가 • 직무수행능력평가 • 인성검사 시험 • 동점자 처리 : 전원합격	채용 위탁업체	인성검사 출제기관이 정하는 "적합" 기준에 해당하는 자 중 필기(실기)시험 점수(가점 포함) 고득점자 순(채용인원의 5배수 이내)
		[실기전형] • 채용분야 실기능력 검정 • 인성검사 시험 • 동점자 처리 : 전원합격	채용분야 소속 부서장 등 직무전문가	
면접전형	필기(실기)전형 합격자	• 인성, 태도, 능력 등 직업 기초능력 및 직무적합성 등 직무수행능력 평가 • 경험기반 역량면접 및 상황기반 토론면접 등 구조화 면접 실시 • 동점자 처리 ① 취업지원대상자 ② 장애인 ③ 저소득층·한부모가족·북한이탈주민·다문화가족 ④ 필기전형 점수 순	외부위원을 포함한 3인 이상의 위원으로 구성 (외부위원 과반)	면접점수 8할(가점 포함) 이상인 자 가운데 고득점자 순 단, 평정요소 중 최하위 점수가 있을 경우 제외
신체검사	면접전형 합격자	공무원 채용신체검사	인사부서 담당자	공무원 채용신체검사 규정 준용

㈜그랜드코리아레저

(자료: ALIO 공공기관 경영정보시스템)

1. 직원 평균보수

정규직(일반정규직)   (단위: 천 원, 명, 월)

구분	2019년 결산	2020년 결산	2021년 결산	2022년 결산	2023년 결산	2024년 예산
기본급	44,218	38,158	38,567	47,304	48,481	49,693
고정수당	613	599	595	774	726	744
실적수당	9,977	9,116	8,965	9,794	8,360	8,569
급여성 복리후생비	680	704	682	747	308	308
성과상여금	9,565	12,340	9,684	8,925	15,727	0
(경영평가 성과급)	870	3,540	1,952	455	5,882	0
기타	0	7,670	6,782	2	3	0
1인당 평균 보수액	65,053	68,587	65,274	67,548	73,608	59,314
(남성)	68.135	72,217	68,453	70,448	76,327	61,505
(여성)	62.270	65,483	62,586	65,061	71,376	57,516
비 고	필요시 성별 평균보수액에 대한 부가설명 기재					
상시 종업원 수	1597.42	1,676.61	1,677.32	1,605.38	1,607.95	1,607.95
(남성)	758.50	772.94	768.39	741.20	724.97	724.97
(여성)	838.92	903.67	908.93	864.18	882.98	882.98
평균근속연수	128	140	153	165	173	185
(남성)	125	137	148	160	169	181
(여성)	131	145	157	169	176	188
비 고	필요시 성별 평균근속연수에 대한 부가설명 기재					

* 경영평가 성과급의 경우 당해연도 예산은 경영평가 결과 미확정으로 0으로 기재

2. 그랜드코리아레저(GKL) 3개 사업장 현황

- 그랜드코리아레저(이하 GKL)는 2005년 설립된 한국관광공사의 자회사, 2006년 개장한 외국인 전용 카지노 세븐럭카지노(Seven Luck Casino) 3개 사업장을 운영
- 한국관광공사가 전체 지분의 51.0%, 국민연금관리공단이 12.8%를 보유
- 「공공기관의 운영에 관한 법률」에 따라 준시장형 공기업으로 분류된 가운데 △관광산업 성장 지원 △사회적 가치 실현 △국민경제 발전 등을 목적으로 운영
  GKL은 △세븐럭카지노 서울강남코엑스 △세븐럭카지노 서울강북힐튼 △세븐럭카지노 부산롯데 총 3개의 카지노 사업장을 운영
- 카지노 이외에 비인기 종목인 휠체어 펜싱팀을 창단하여 국위 선양에 앞장서고 있으며, 장애인스포츠 지원 및 활성화를 통해 공기업으로서 기업 이익의 사회 환원 및 사회적 책임 활동을 강화

[NCS 기반 채용 직무 설명자료: 딜러]

채용 분야	일반	분류 체계	대분류	12 숙박· 여행· 오락	02 경영· 회계· 사무
			중분류	03 관광· 레저	01 기획 사무
			소분류	04 관광레저 서비스	03 마케팅
			세분류	02 카지노 운영관리	02 고객관리

능력 단위	• (카지노 운영관리) 01. 카지노 영업 관리 02. 테이블 게임관리 03. 테이블 게임 진행하 기 06. 카지노 고객 지원 • (고객관리) 05. 고객지원
직무 수행 내용	• (카지노운영관리) 카지노운영관리는 영업장 내에서 고객의 관광레저 욕구를 충족시키고 건전한 카지노 게이밍을 제공하기 위해 이루어지는 카지노 영업 관리, 테이블 게임 관리, 테이블 게임 진행, 머신 게임 관리, 카지노 현장 경리 관리, 카지노 고객 지원, 카지노 영 업 지원, 서베일런스 운영 업무를 하는 일이다. • (고객관리) 고객관리란 현재의 고객과 잠재고객의 이해를 바탕으로 고객이 원하는 카지 노 게이밍과 서비스를 지속적으로 제공함으로써 기업과 브랜드에 호감도가 높은 고객의 유지와 확산을 위해 고객과의 관계를 관리하는 일이다. ※ (카지노 딜러) 카지노 딜러란 관리자의 지휘하에 고객을 대상으로 게임을 진행·관리하는 업무를 통해 고객들에게 최고의 즐거움과 서비스를 제공하는 일이다.
필요 지식	• (카지노 운영관리) 카지노 영업·서비스 지침과 준칙, 카지노 규정과 절차, 딜러의 역할과 지침, 카지노 영업 이론과 개념, 게임 이론과 개념, 게임 전문 용어, 게임 진행과 관리 방 법에 관한 지식, 게임 종합 딜링에 관한 지식, 게임 칩스 및 카드 관리 이론, 부정행위 유 형과 특성에 관한 지식, 영업장 출입 규정 지침 • (고객관리) 고객관계관리 개념, 고객 분석 방법
필요 기술	• (카지노 운영관리) 테이블 게임 고객과의 커뮤니케이션 능력, 게임 실무 외국어 회화 능 력, 고객과의 문제 해결 능력, 고객에 대한 서비스 능력, 딜링 기술, 테이블 보호 관찰 운 영 능력, 고객 응대 능력, 정확한 수리 계산 능력, 게임 칩스·카드 관리 능력 • (고객관리) 고객 데이터 수집 능력, 고객 유형별 대응 능력
직무 수행 태도	• (카지노 운영관리) 카지노 영업·서비스 지침 준수, 업무 및 고객에 대한 직업윤리 준수, 고객 만족을 위한 서비스 제공 의지, 단정한 용모 복장 유지, 글로벌 서비스 매너, 안전 수행 지침 준수, 청결 유지에 대한 책임감, 철저한 칩스 및 카드 관리 태도, 게임 기기 관 리에 대한 책임감 • (고객관리) 고객을 대하는 매너, 유형별 고객의 특성을 이해하려는 자세, 고객 정보를 철 저히 관리하려는 책임감
직업 기초 능력	• 의사소통능력, 직업윤리, 문제해결능력, 자기개발능력, 대인관계능력, 수리능력
참고 사이트	• www.ncs.go.kr

[NCS 기반 채용 직무 설명자료: 마케터]

채용분야	일반	분류체계	대분류	12 숙박· 여행· 오락	02 경영· 회계· 사무
			중분류	03 관광· 레저	01 기획 사무
			소분류	04 관광레저 서비스	03 마케팅
			세분류	01 카지노 기획개발	01 마케팅전략 02 고객관리

능력단위	• (마케팅 전략 기획) 01. 마케팅 전략 계획수립 02. 신상품 기획 03. STP전략 수립 • (고객관리) 01. 고객관리 계획수립 02. 고객 데이터 관리 03. 고객 분석 05. 고객지원 06. 고객 필요정보 제공 • (카지노 기획 개발) 04. 카지노 마케팅 전략 수립
직무수행내용	• (마케팅 전략 기획) 마케팅 전략기획이란 기업과 제품의 경쟁우위 확보와 경영성과를 향상시키기 위하여 마케팅 목표 수립과 목표시장에 대한 체계적인 방안 설계 및 실행을 통하여 반응과 결과에 지속적으로 대응하는 일이다. • (고객관리) 고객관리란 현재의 고객과 잠재고객의 이해를 바탕으로 고객이 원하는 제품과 서비스를 지속적으로 제공함으로써 기업과 브랜드에 호감도가 높은 고객의 유지와 확산을 위해 고객과의 관계를 관리하는 일이다. • (카지노 기획 개발) 카지노기획개발은 고객들이 여가선용을 통한 즐거움을 얻을 수 있도록 카지노사업, 마케팅, 시장창출, 고객서비스 등을 계획하고 실행하는 일이다. ※ (카지노 마케팅) 카지노 마케팅이란 담당 지역에 대한 정보, 지식, 외국어 능력을 바탕으로 목표를 수립하고 수립된 목표를 달성하기 위해 고객개발, 고객관리, 고객유치 업무를 수행하는 일이다.
필요지식	• (마케팅 전략 기획) 전략수립 방법과 절차, 시장 환경 분석, 사업타당성 분석, 마케팅 리서치, 마케팅 전략 수립 • (고객관리) 고객 분석 방법, 고객관리 전략, 고객 데이터에 대한 이해 • (카지노 기획 개발) 국내외 카지노 산업지표 ※ (카지노 마케팅) 마케팅 담당 지역 문화와 정보의 이해, 마케팅 담당 지역 실무 외국어 능력
필요기술	• (마케팅 전략 기획) 보고서 시각화 및 자료화 기술, 계약조건 분석 능력 • (고객관리) 전략 목표 수립을 위한 고객 분석 능력, 고객 데이터 활용 능력, 고객 대응 능력 • (카지노 기획 개발) 정보 수집· 분석 능력
직무수행태도	• (마케팅 전략 기획) 분석적 태도, 수요고객을 발굴하고자 하는 적극적 태도, 목표시장을 선정할 수 있는 종합적 태도 • (고객관리) 유형별 고객의 특성을 이해하려는 태도, 고객을 대하는 매너 • (카지노 운영관리) 업무 및 고객에 대한 직업윤리 준수
필요자격	• 해당 지역 언어 가능자
직업기초능력	• 의사소통능력, 직업윤리, 문제해결능력, 자기개발능력, 대인관계능력
참고사이트	• www.ncs.go.kr

GKL 채용제도

■ NCS 기반 능력중심 채용제도

인력채용은 공개모집을 원칙으로 하며 채용계획 확정 시 홈페이지 및 채용전문 사이트 등에 모집공고 게재

■ GKL 전형방법

구분	전형	내용
Step 01	1차 서류심사	– 입사지원서에 대한 검토 – 학력제한 없음
Step 02	2차 필기심사	– 직업기초능력평가 – 직무수행능력평가 – 인성검사
Step 03	3차 직무면접	– 직무특성을 고려한 평가, 태도, 열정 – 조직융화성 등 평가 – 어학평가 추가실시
Step 04	4차 일반면접	– 이해력, 판단력, 표현력 등 종합평가
Step 05	5차 신체검사	– 신체검사서 제출

■ GKL 모집부문 및 지원자격

모집부문		지원자격	근무지
신입	영업직	색맹 또는 색약이 아니며, 카지노 영업장 내 고객서비스 가능자	서울 부산
		공인어학성적 제출 기준 – 영어 : TOEIC 700점 이상, OPIc IM1 이상, 　　　　TOEIC Speaking 130점 이상, TEPS 555점 이상 – 일어 : JPT 430점 이상, JLPT N3 – 중국어 : 新HSK 4급 195점 이상	
	마케터	일본　JPT 525점 이상, JLPT N2 이상	서울 부산
		중국　新HSK 5급 180점 이상	
		국제　영어권 : TOEIC 800점 이상, OPIc IM2 이상, 　　　　　　TOEIC Speaking 140점 이상, TEPS 640점 이상 　　　　기타국가 : 모집언어별 구술 가능자	

GKL 공개채용 전형단계별 표준 운영 기준

■ **전형단계별 운영 방법**

구분	전형대상	전형방법		합격기준
서류전형	적격지원자 전원	– 자격요건 충족 여부 – 직무능력기반 지원서 심사		– 서류전형 점수(가점포함) 70점 이상인 자 중 고득점자 순
필기전형 (신입)	서류전형 합격자 (5배수~10배수)	인성검사	인성 및 조직적합 적부	인성검사 출제기관이 정하는 "적합" 기준에 해당하는 자 중 필기(실기)시험 점수(가점포함) 고득점자 순(채용인원의 5배수 이내)
		직업기초·직무수행력 평가시험	100점 만점 환산	
직무면접	필기전형 합격자 (3배수~5배수)	– 역량 및 상황면접 등(100점) – 직업기초능력 및 직무수행능력 평가		– 직무면접 점수(가점포함) 70점 미만인 자 과락
일반면접		– 인성 및 조직적합성 등 종합적 평가(100점)		– 일반면접 점수(가점포함) 70점 미만인 자 과락
최종 합격자	직무면접, 일반면접 합격자	– 직무면접(30%)과 일반면접(70%) 점수를 합산		– 직무면접(30%)과 일반면접(70%)를 합산한 점수의 고득점자 순
신체검사	최종합격자	– 공무원 채용 신체검사서		– 공무원 채용 신체검사 규정

■ **가점 부여**

- 「국가유공자 등 예우 및 지원에 관한 법률」에 의거 취업보호대상자(전형별 만점의 5% 또는 10%)
  - 국가유공자 우대기준을 준용, 가점을 적용받는 사람은 전형별 합격예정인원의 30퍼센트(가점에따른 선발 인원을 산정하는 경우 소수점 이하는 버린다)를 초과할 수 없다.
- 「장애인고용촉진 및 직업재활법」에 의거 장애인으로 등록된 자(전형별 가점 5점)
- GKL 청년인턴 수료자(서류전형 가점 5점)
- ※ 단, GKL 청년인턴 수료자(서류전형 가점 5점)에 대한 부분은 2019.08.01. 시행한다.
- 중복 시 가장 유리한 가점만 적용

■ 동점자 처리기준

• 서류전형, 필기전형 : 동점자 전원 합격
• 최종합격자 : 취업보호대상자 > 고졸자 > 일반면접 > 필기점수 > 인성등급
　　　　　　　> 서류점수 고득점 순

[별표 2]

GKL 서류전형 평가기준

■ 신입

평가항목		평가기준	배점
기본 사항	전공, 어학연수, 경력 등	지망분야에 부합 정도	20
자기 소개서	자기개발능력	개인의 목표 정립(동기화) 자신의 능력 표현 자기관리 규칙의 주도적인 실천	10
	문제해결능력	창의적 사고 논리적 사고 비판적 사고	10
	의사소통능력	목적과 상황에 맞는 정보 조직 목적과 상황에 맞는 지원서 작성	10
	대인관계능력	적극적 참여 업무 공유 팀구성원으로서의 책임감	10
	직업윤리	근로윤리(근면성, 정직성, 성실성) 책임의식 규정준수	10
입사지원서 계			70
어학성적			30
서류전형 합계			100

■ 경력

평가항목		평가기준	배점
기본 사항	전공, 어학연수, 경력 등	지망분야에 부합 정도	30
자기 소개서	자기개발능력	개인의 목표 정립(동기화) 자신의 능력 표현 자기관리 규칙의 주도적인 실천	20
	문제해결능력	창의적 사고 논리적 사고 비판적 사고	10
	의사소통능력	목적과 상황에 맞는 정보 조직 목적과 상황에 맞는 지원서 작성	10
	대인관계능력	적극적 참여 업무 공유 팀구성원으로서의 책임감	10
	직업윤리	근로윤리(근면성, 정직성, 성실성) 책임의식 규정준수	20
서류전형 합계			100

GKL 직무 면접전형 평가기준

■ 신입 일반직

평가항목		평가기준	배점
일반직	의사소통능력	의사표현능력	20
	문제해결능력	사고력, 문제처리능력	20
	자원관리능력	물적·인적자원관리능력	20
	정보능력	컴퓨터 활용능력	20
	카지노 조직이해력	카지노 경영이해능력, 카지노 업무이해능력	20
서류전형 합계			100

■ 신입 마케팅직

평가항목		평가기준	배점
마케팅직	카지노 마케팅	마케팅 담당 지역 문화와 정보의 이해	20
	카지노 산업	카지노 산업에 대한 이해	10
	고객이해	유형별 고객의 특성에 따른 이해	10
	고객관리	고객을 대하는 매너	10
	외국어 구술점수	기본회화 능력	20
		언어숙련도	30
서류전형 합계			100

■ 신입 영업직(딜러)

평가항목		평가기준	배점
영업직	카지노의 이해	카지노 관련 지식상황	20
	커뮤니케이션	고객과의 커뮤니케이션 능력	20
	책임감	고객정보에 대한 관리 자세	20
	고객이해	유형별 고객의 특성에 따른 이해	20
	고객관리	고객을 대하는 매너	20
서류전형 합계			100

GKL 일반 면접전형 평가기준

평가항목	평가기준	배점
직업윤리	근로윤리(근면성, 정직성, 성실성) 책임의식 규정준수	20
문제해결능력	문제 인식 대안 선택 대안 적용	20
의사소통능력	다른 사람의 말을 듣고 그 내용을 이해하는 정도 목적과 상황에 맞게 전달하는 정도	20
대인관계능력	매너 있고 신뢰감 있는 대화법 타인의 생각 및 감정 이해 타인에 대한 배려	20
용모/복장/태도	주어진 질문에 대한 답변태도, 인사, 앉은 자세 등	20
서류전형 합계		100

GKL 2019년 신규입사자 교육 현황

1. 교육명 : 2019년 신규입사자 교육

2. 개요

　가. 목적

　　• 직무스킬 습득 및 서비스 마인드 확립

　　• 카지노 현장의 이해 및 GKL구성원으로서의 소양과 역량 함양

　나. 장소

　　• 이론 및 실습교육 : GKL아카데미 / 강남코엑스점 / 강북힐튼점

　다. 교육기간 및 교육수료인원

　　• 영업직 딜러 교육 : 46명 – 2019. 5. 17 ~ 8. 9(12주)

　　• 영업직 딜러 외 교육 : 8명 –2019. 5. 17 ~ 6. 14(4주) /경력직 회계사 2주 교육

　라. 교육내용 : 딜링스킬, 서비스교육, 법정의무교육, 직무교육, 워크숍 등

　　• 전문강사와 사내 산업안전관리 담당자에 의한 법정필수교육 의무 실시

　　• 딜링스킬, 직무교육은 사내강사에 의해 실시

구분		교육내용	담당강사
직무역량	딜링스킬	룰렛, 블랙잭, 바카라, T/P, C/P, T/S	직무강사
	현장실습	코엑스점 / 힐튼점 현장실습	
	직무교육	오퍼레이션, CS, 머신, 마케팅, 서베일런스, 칩스, IT, 노무(복리후생제도) 등	직무강사 등
서비스 교육		카지노 고객 서비스, 이미지 메이킹, 커뮤니케이션	내·외부강사
법정의무 교육		산업안전보건교육 (8H) 4대폭력 예방교육 반부패 청렴교육 (2H)	내·외부강사
직업 기초역량 교육	조직 적응교육	임원강의, 노동조합 및 선배와의 대화 워크숍 간담회 봉사활동	내·외부강사
	셀프 리더십	자기관리 도박중독 예방교육 퀀텀 프로그램	내·외부강사
기타		입교식, 오리엔테이션, 수료식 등	교육 담당자

마. 교육특징

- '존중과 자율'을 주제로 신규입사자의 교육 몰입도 및 교육 효율성 증대
- 현장적응력 향상 프로그램 신규 도입
- 멘토링 프로그램 도입으로 신규입사자 현장 적응력 향상
- 부산롯데점 사내직무강사 교육 참여로 부산교육생 현장 적응 향상
- 신규입사자 본사 견학으로 GKL에 대한 이해와 적응력 향상
- 1, 2차 교육 수료 신규입사자 워크숍을 함께 진행하여 동기애 확립

㈜ 파라다이스

(자료: 파라다이스 인재채용 홈페이지)

1. 파라다이스 카지노 사업장 현황

- 1967년 국내 최초 외국인 전용 카지노인 파라다이스카지노 인천(現 파라다이스시티)을 시작으로 4개의 외국인 전용 카지노 영업장을 운영
- 2020년 12월 기준, 파라다이스 지분 중 ㈜파라다이스글로벌이 38.2%를 보유하고 있으며, 학교법인 계원학원이 4.1%의 지분을 보유
- 복합리조트 사업부문에 인천 파라다이스시티 카지노가 속해 있으며, △서울 파라다이스카지노 워커힐 △파라다이스카지노 부산 △파라다이스카지노 제주가 카지노 사업 부문으로 포함
- 파라다이스시티는 2017년 4월 1차 개장, 2018년 9월 1~2차 시설을 개장, 2019년 3월 말 실내 테마파크 '원더박스' 개장을 마지막으로 완전체를 이룸

2. 파라다이스 카지노 직무소개

구분	직무	내용
오퍼레이션 부문	딜러	플로어퍼슨의 지시로 테이블을 지정 받아 고객의 성향, 반응에 따라 고객의 기분을 존중하여 게임을 운영한다. 고객의 특성 및 니즈에 관한 정보를 플로어퍼슨에게 전달하며 원활한 서비스를 제공한다. ▶ 주요업무 카드와 칩스 확인, 게임 전 대기, 게임진행, 게임서비스 제공, 고객정보 관리, 서비스 니즈 파악, 고객 불만 응대
	플로어퍼슨	핏 보스의 지휘하에 게임의 원활한 진행을 위하여 딜러를 감독하고, 당일 맡겨진 게임의 상황, 고객응대, 고객 요청사항, 직원교대, 딜러의 적절한 서비스 등을 감독하고 필요시 핏 보스에게 보고하고 도움을 받는다. ▶ 주요업무 게임 테이블 관리 감독, 고객 서비스 제공, 고객정보 수집, 딜러교육, 게임프로텍션
	핏 보스	고객관리와 테이블 관리 등의 영업 전반 관리를 총괄하며, 회사의 정책 전달 및 직원 건의사항을 전달하고 관리하는 팀 내 영업전반에 관련된 업무를 한다. ▶ 주요업무 업무배치, Table 관리 및 상황파악, 고객관리, 부하직원 육성, PIT 운영
	F&B	운영방침에 따라 고객이 바에서 식음료 서비스를 받고 최대한 좋은 기분으로 게임을 즐길 수 있도록 서비스한다. ▶ 주요업무 고객 안내 및 동향 파악, 식음료 관리 및 서브, 서비스 의식, 복장 및 기물관리, 업무 전달 및 보고
	안전관리	영업장 내의 안전과 질서를 책임진다. VIP 고객관리, 돌발상황에 대한 관리와 직원의 안전사고 예방을 위한 관리를 실행한다. ▶ 주요업무 정문 업무, 영업장 업무, 대외업무, 소방 및 응급처치 교육
마케팅 부문	해외마케팅	담당 지역의 목표를 수립하고, 수립된 목표 달성을 위하여 고객 개발, 고객 관리, 고객 유치 업무를 수행한다. ▶ 주요업무 고객 개발, 고객 유치, 신규고객 개발, 고객 관리, 기존고객 재방문, CRDEIT 운영, 고객 송·영 업무, 고객 접대, 미니 이벤트 기획 및 실행, 현지 출장, 팀 목표 관리, 조직 관리, 예산 관리, 위기 관리, 유관기관 관계유지, 해외 정보 관리, 경영 실적 관리
	공항서비스	고객의 출입국 배차 계획 및 VIP 고객의 명단, 특징, 기호 등을 숙지하여 입국 시 원활한 배차 서비스와 출국 시 수속 지원 업무를 수행한다. ▶ 주요업무 공항의전 사전업무, 입출국 공항의전, 고객서비스 향상활동, 고객 서비스, 홍보 활동, 회계업무, 물품구매

경영지원부문	경영기획	회사의 경쟁력을 강화하고 경영효율을 높이기 위한 계획 및 예산을 수립, 편성하고 평가한다. 경영 환경 변화에 따른 각종 대응 전략을 계획, 수립하여 실행한다. ▶ 주요업무 경영기획 관리, 경영 분석, 조직 운영 관리, 인센티브제 관리, 마일리지 서비스 제고 관리, 콤프 제도 관리, 중단기 마케팅 계획 수립, 마케팅 활동 지원, DB 마케팅 기반 구축, 중·단기 영업계획 수립, 영업 인력 운용 지원, HOUSE RULE 및 영업 매뉴얼 관리, 영업제도 및 운영 방식 개선, 현지 법인관리, 의사소통 관리, 해외 시장 관리(예상), 경영정보관리, 경영환경분석, 고객분석, 서비스 품질 관리, 상품 MIX, 승인, 보고업무
	인사	경영방침 및 목표에 따라 당해연도의 인사 정책을 수행한다. 각 분기, 월별로 보편적인 인사행정을 진행하며 인사규정 및 제도하에 발생한 업무를 처리하고 원활한 노사관계 유지를 위한 역할을 수행한다. ▶ 주요업무 인사전략 및 계획수립, 채용관리, 정원(T/O)관리 및 인력 수급 계획, 관리행정, 승진관리, 승진기준 및 대상자 분석, 상벌관리, 인사고과, 인사데이터관리, 노무운영, 노무비관리, 단체협상, 임금 협상 직원, 동향 파악, 회사 경영 방침 홍보, 비정규직 용역관리, 경조사 관련, 동호회 지원 및 관리, 학자 보조금 및 주택 지원 자금, 건강진단 및 유소결자 관리, 노동조합 지원, 노사 협의회 및 고충저리제도 운영, 급여, 상여, 퇴직급 지급, 4대 보험 관련, 대관업무 관련, 콘도신청관리, 근태관리, 생일 기념품 관리
	홍보	경영방침에 따라 연간 행사 계획을 수립하고 진행한 결과를 보고한다. 고객이 만족할 수 있는 행사가 되도록 철저히 준비하고 예산 범주 내에서 최대의 효과를 거두기 위한 역할을 한다. ▶ 주요업무 이벤트 기획, 이벤트 일정 계획, 이벤트 개발, 이벤트 관련 제작, 이벤트 집행, 이벤트 결과 보고, 이벤트 대행업체 관리, 국내외 PROMOTION 집행 및 개발, 홍보성 행사개최, 외국가수 및 일행 출입국 관리, 사보 기자 관리, 해외 특별 취재 유치, 취해유치, 관광박람회 참가 관리, 학생 탐방 교육 유치, 목표관리 및 인력관리
	총무	경영방침 및 총무방침에 따라 중장기 및 연간 총무 전략을 수립 및 수행한다. 적정한 구매 계획 및 용역, 관리 계획과 각 부서 지원을 위한 실무 활동을 실행한다. ▶ 주요업무 총무 파트 연간 전략 및 계획 수립, 회사 행사 주관 및 지원, 게임용품 구매, 전산용품 구매, 판촉용품 구매, 일반 사무용품 구매, 차량 구매 및 매각 업무, 차량 렌트 및 용역 관리, 각종 인허가 및 계약관리, 각종 계약 업무, 관재 업무, 기타 각 부서 지원업무, 사내 업장 및 시설물 관리 업무, 직원 복지관련 업무, 대외관련 기관 교섭, 조직관리, 인력관리, 목표관리 원가관리

인재개발	연간 교육계획과 목표를 수립하여 방향에 맞는 교육 시스템을 정립한다. 각 단위 교육 프로그램에 대한 요구분석, 설계 관련 과정을 개발하여 교육을 실시하고 평가업무를 실행한다. ▶ 주요업무 중장기 목표전략 수립, 교육제도 개발/개선, 교육 체계 수립, 교육기획, 단위별 교육과정 니즈 분석, 단위별 교육과정 개발, 단위별 교육과정 실시, 단위별 교육과정 평가, 직능 교육, 서비스 교육, 사내강사 육성/활용, 교육 스탭의 교육 전문성 강화, 서비스 품질 관리, 시스템 평가
전산	시스템 개발 및 IT전략을 수립하고 기존 시스템을 운용하며 현업의 의견을 수렴하여 시스템 개발/유지 업무를 수행한다. ▶ 주요업무 정보시스템 전략의 수립 및 추진, 시스템 프로그램 개발 및 관리, 시스템 운용 및 데이터 관리, 전산교육, 인력자원관리, 사용자 운영관리
카지노 회계	고객 대상 환전, 재환전, 출납, 슬롯머신 코인 관리 및 현금서비스를 제공한다. 환전, 출납 관련 및 칩 신용대여 등 부대업무를 수행하고 업무 효율화, 전산화, 계획입안, SQI 평가 업무를 실행한다. ▶ 주요업무 환전, 재환전, 환전·재환전 수입정리, 적용환율 산출 및 게시, 신용카드 현급 서비스, 출납, 보관증 업무, 환전 실적 기록 및 보고, 칩스 신용대여, 수납, 슬롯머신관리, 업무 효율화, SQI 평가, 서류작성 및 재장표 보관관리
서베일 런스	내외부의 불법적인 요소로부터 회사의 자산을 보호하는 역할을 수행한다. 분쟁 발생 시 녹화영상을 확인하여 신속, 정확하게 통보하며 게이밍 규정 및 절차위반 사항을 적발, 보고한다. ▶ 주요업무 기자재 관리, SUVEILANCE(감시관찰), 기록, 업무협조, 인력관리

2018년 신입사원 채용 [공고내용 상세보기]

| 기본사항 | 학력 | 어학 | 경력 | 가족 | 자격 | 자기소개 | 지원서제출 |

공인어학성적 [입력]

언어		어학시험종류	점수/등급	취득일자	수정
		등록된 내용이 없습니다.			

외국어활용능력 [입력]

언어	수준	활용능력	수정
		등록된 내용이 없습니다.	

해외연수 [입력]

거주목적	국가	거주기간	연수기관	거주이유	수정
			등록된 내용이 없습니다.		

< 이전   다음 >

2018년 신입사원 채용 [공고내용 상세보기]

| 기본사항 | 학력 | 어학 | 경력 | 가족 | 자격 | 자기소개 | 지원서제출 |

주요경력 [입력]

회사명	근무기간	근무부서	고용형태	직위	담당업무	연봉	퇴직사유	수정
			등록된 내용이 없습니다.					

병역사항 [입력]

병역구분		군별/병과	/
계급		전역사유	
복무기간	~		
면제사유			

< 이전   다음 >

2018년 신입사원 채용 [공고내용 상세보기]

기본사항 　 학력 　 어학 　 경력 　 가족 　 자격 　 자기소개 　 지원서제출

자격 [입력]

자격종류	자격등급	취득일자	등록(자격)번호	발행기관	수정
등록된 내용이 없습니다.					

컴퓨터활용능력 [입력]

컴퓨터활용종류	수준	활용능력 정도	수정
등록된 내용이 없습니다.			

교육이력 [입력]

교육과정명	교육기간	수료구분	교육기관	수정
등록된 내용이 없습니다.				

수상경력 [입력]

수상명	수상일	수상기관(단체)	수상내역	수정
등록된 내용이 없습니다.				

커뮤니티 [입력]

활동구분	활동명	활동기간	주요활동내용	수정
등록된 내용이 없습니다.				

프로젝트 [입력]

프로젝트	참여기간	회사명	담당업무및내용	수정
등록된 내용이 없습니다.				

2018년 신입사원 채용 [공고내용 상세보기]

기본사항 　 학력 　 어학 　 경력 　 가족 　 자격 　 자기소개 　 지원서제출

자기소개 [입력]

성장배경 및 역량	• 본인의 성장과정을 간략히 기술하고, 자신의 강점과 약점을 구체적으로 기술하시기 바랍니다.
	등록된 내용이 없습니다.
지원동기	• 파라다이스 입사지원 이유와 입사후의 목표에 대해 기술하시기 바랍니다.
	등록된 내용이 없습니다.
논리력	• 본인만의 특별한 관심사에 대해 논리적으로 기술하시기 바랍니다.
	등록된 내용이 없습니다.

< 이전 　 다음 >

카지노 복합리조트 현황

구분	미단시티 복합리조트	인스파이어 인티그레이티드	파라다이스시티	제주신화월드	제주 드림타워
소재지	영종 미단시티	인천국제공항 IBC-Ⅲ	인천국제공항 IBC-Ⅰ	제주 서귀포시 안덕면	제주 노형오거리
개발/ 운영사	RFKR 중국 푸리그룹 100% 지분 (2020년 미국 시저스엔터테인먼트 지분 50% 인수)	모히건 선 MGE (Mohegan Gaming & Entertainment) 100% 출자	파라다이스그룹 (한국), 세가사미홀딩스(일본)	람정제주개발, 람정엔터테인먼트코리아	롯데관광개발
면적	부지: 38,365㎡ 건축 전체면적: 170,608㎡	부지: 1,058,000㎡ 건축 전체면적: 340,858㎡	부지: 330,000㎡ 건축 전체면적: 478,147㎡	부지: 3,986,000㎡ 건축 전체면적: 873,000㎡	부지: 303,737㎡ 지상 38층 지하 5층
주요 시설	750실 특급호텔, 가족호텔, 수영장, 레스토랑, 스파, 컨벤션 시설, 외국인 전용 카지노 등	1천256실 3개 타워 5성급 호텔, 패밀리파크 (7만63㎡), 아레나(1만5천석), 컨벤션 시설, 외국인 전용 카지노 등	711개 객실 호텔, 쇼핑몰, 스파숍, 컨벤션, 클럽, 아레나, 외국인 전용 카지노 등	테마파크, 호텔, 콘도, 워터 파크, 무비 월드, 면세점, MICE 시설, 쇼핑 및 F&B 시설, 외국인 전용 카지노 등	그랜드하얏트제주 1,600개 객실 8층 포디엄 풀테크 14개의 레스토랑 2개의 스파 8개의 미팅룸 HAN 컬렉션
카지노 시설	테이블 140개 머신 350개	전용면적: 13,514㎡	허가면적: 8,726.8㎡ 테이블 173개, 머신게임 289대 ETG 10대 (Terminal: 138)	허가면적: 5,646.10㎡ 테이블 151대 Duo Fu Duo Cai, 머신게임 99대, 전자테이블 102대	허가면적: 5,367.67㎡ 게임테이블 141개, 슬롯머신 190대, 전자테이블게임 71대, ETG 마스터 테이블 7대 등 총 409대의 게임 시설

사업비	약 8천억 원(예상) 2021.08 외국인직접투자 (FDI) 1650만 달러 (190억 원) 사업비 확보	1단계: 1조 8천억(436만7천㎡) 2020.11 2회 외국인직접투자 (FDI) 6000억 원 (미화 5억 달러)	약 2조 원	약 2.2조 원	약 1조 6천억 원
개장 일정	2022.03 (문화체육관광부 사업기한 일부 수용 1년 연장) RFKR 2024.03 연장요구	1단계: 2023.06 (문화체육관광부 사업계획변경승인)	1-1단계: 2017.04 1-2단계: 2018년	1단계: 2017년 2단계: 미정	2020.12.18 오픈 호텔 및 부대시설 2021.06.11. 카지노 오픈
고용 인구	1차 고용 약 1,500명 상근 인구 약 10,000명 예상	1단계: 2만여 명 4단계: 2031년 직·간접 80만 명 30년 운영기간	1단계: 3,200명 고용(2017) 향후 50년간 78만명 고용창출 효과	직접고용 약 6,500명 효과	3,100개 일자리 창출 효과
기타	쌍용건설 전체 공정률 약 25% (2020.02 공사 중단) 2021.10 공사 재개 가능 전망	2016년 8월 인천공항공사와 실시협약 ▲비즈니스 허브 ▲첨단산업 허브 ▲항공지원 허브 ▲물류관광 허브 조성 등	누적방문객 약 250만 명 초과	2018년 2월 카지노 확장 이전 허가	2021.06.23. 오후 5시 20분 2억 400만 원 잭팟 당첨 (잭팟 시리즈 머신도입 'Duo Fu Duo Cai')
자료	미단시티, 인스파이어, 파라다이스시티 – IFEZ(인천경제자유구역청) 내부 자료(2019년 5월 기준) 제주신화월드 – 파이낸셜뉴스 2018.02.11. 제주신화월드, 영종 인스파이어 리조트 건설 실탄 확보 – 인천일보 2021.08.08 '17개월째 스톱' 미단시티 복합리조트, 10월께 재개되나 – 경인일보 2021.07.19 '카지노 복합리조트' http://www.fnnews.com/news/201802100823328545 문화체육관광부 분야별 정책: 2021 카지노업 현황(2021.04 기준)				

카지노 자기소개서 및 면접 질문

구분	내용	비고
강원 랜드	▶ 강원랜드 공개채용 면접(블라인드 채용) – 강원랜드가 어떤 회사인지 설명해보세요. – 카지노 딜러라는 직업이 어떤 역량이 필요한지 말해보세요. – 갈등상황이 있을 때 어떻게 해결했는지 설명하세요. – 비전공자인데 카지노 딜러를 직업으로 계속 할 수 있는지? – 국내 다른 카지노에 내국인 출입허가에 대한 지원자 본인의 의견을 제시하세요. – 지원분야 관련 경험 중 조직의 프로세스를 개선하기 위해 주도적으로 업무를 수행했던 경험에 대해 말해보세요. – 최근 이슈가 되고 있는 뉴스를 하나 골라 자신의 의견을 제시하세요. – 학창시절에 경험했던 동아리, 아르바이트 활동 중 기억에 남는 것에 대해 말해보세요. – 강원랜드 폐광지역 지원사업에 대해 알고 있는대로 말해 보세요. – 서비스란 무엇이라고 생각하는지? – 면접관이 고객이라 생각하고 가장 자신있는 표정을 지어보세요. – 지원한 직무에 대해 구체적인 업무를 설명하세요. – 입사 5년 후 본인의 목표는? – 신체적으로 힘든 일이 많은데 그런 부분을 감당할 수 있는지, 일은 언제부터 가능한지? – 자기소개(15초) 및 영어로 자기소개를 해보세요. ▶ 토의면접 – 4차산업의 사물화 인터넷이나 AI에 대한 자료를 전달하고 20분 정도 시간을 주고 A4용지에 적어서 A4용지만 들고 토의실로 입실하여 토의 시작(찬성과 반대로 나누어서 하는 토론이 아니라 결과를 이끌어 내는 방식의 토의) ▶ 인성면접 다대다 면접으로 1번 지원자부터 5번 지원자까지 질문에 대한 답변을 하고 5번 지원자부터 다시 1번 지원자까지 질문을 하는 형식으로 면접관이 7명이 채점하는 형식. 마지막은 개별질문	

		▶ GKL 공개채용 면접(블라인드 채용)	
그랜드 코리아 레저 (GKL)	자기 소개서	- 지원 동기 및 입사 후 포부 - 서비스 직무를 수행했던 경험 또는 향후 직무수행에 임하는 각오는? - 지원직무는 무엇이며, 해당 직무를 성공적으로 수행할 수 있다고 생각하는 이유는?
	실무진 면접	- 자기소개를 해주세요. - 카지노 딜러가 되고 싶은 이유? - 딜러란 어떤 직업이라고 생각하는가? - 교대 근무라 체력이 필요할 텐데, 평소 체력관리는 어떻게 하는가? - GKL 창립일은 언제인가? - 고객응대를 할 때 컴플레인 상황 대처 경험이 있는지? - 마지막으로 하고 싶은 말은?
	임원 면접	- 자기소개를 해주세요 - 불합리한 일을 겪은 경험과 그 상황에 대한 지원자의 대처방법을 설명하세요. - 상사의 비윤리적인 행동을 보았을 때 나의 대처방법을 이야기하세요. - 카지노 딜링 경험이 있는지? ※ 블라인드 채용 번호 : ~직무 지원자 87번입니다.
파라 다이스		▶ 파라다이스 자기소개소 질문 본인의 성장과정을 간략히 기술하고, 자신의 강점과 약점을 구체적으로 기술하시기 바랍니다. 파라다이스 입사지원 이유와 입사 후의 목표에 대해 기술하시기 바랍니다. 본인만의 특별한 관심사에 대해 논리적으로 기술하시기 바랍니다. 본인의 가치관은 무엇이며, 이를 형성하는 데 가장 큰 영향을 끼친 경험을 구체적으로 기술해 주십시오(800자 기준). 꿈 / 향후 어떻게 이루어 갈 것인지 계획(800자 기준) 왜 귀하를 채용해야 하는지 3가지 이유 + 구체적 기술(800자 기준) ▶ 파라다이스 공개채용 면접 19.01.30 파라다이스 상반기 카지노 공개채용 시간: 09:30 ~ 18:00(단체성향면접, 면접, 영어면접) / 캐주얼복장 착용(하지만 거의 세미정장을 입고 옴) 활동내용: 도미노 쌓기, 관심있는 분야에 대해 3분 동안 일일강사가 되어보기, 우리 조를 표현할 수 있는 5분 이내의 영상 만들기, 면접, 영어 면접

〈도미노 쌓기〉

– 각 조별로 팀워크를 보는 시간을 가집니다. 도미노 모양은 자유지만 얼마나 조원들과 협력하는지를 중점적으로 체크했습니다.

〈관심있는 분야에 대해 3분 동안 일일강사가 되어보기〉

– 조원들에게 자신의 관심사에 대해서 3분 동안 스피치를 했습니다. 동영상을 촬영했으며, 다양한 분야의 관심사가 나왔습니다.

　ex) 애완견에 대해, 여행지에 대해, 맛집 소개, 이탈리안 피자 만드는 법 등 저는 최근 급증하고 있는 거북목 질환과 예방 운동법에 대해서 강연을 했습니다.

– 중점적으로 보았던 것은 상대방이 강의할 때 얼마나 집중해서 듣는지 보았던 것으로 기억합니다.

– 저번에는 옆 지원자에 대해서 소개해보기였지만 변경되었습니다.

〈우리 조를 표현할 수 있는 5분 이내의 영상 만들기〉

– 각 조마다의 색깔을 표현할 수 있는 영상을 제작하였습니다. 제가 속해 있던 조는 딜러로서 필요한 자질에 대한 것에 대해 촬영했습니다(열정, 순발력, 친화력 등).

– 저번 기수까지는 파라다이스 호텔을 홍보하는 영상을 제작했었는데 이번부터 변경되었습니다.

〈면접〉

– 입장하자마자 1분 자기소개를 시작합니다.

– 조에 재수하는 지원자들이 많아서 "자신이 왜 최종면접에서 떨어진 것 같은가?"라는 질문을 했습니다.

– 저희 조가 받은 질문과 제 답변을 나열하면

　ex) Q. 어학능력을 완성하느라 노력을 많이 했을 텐데 실제로 일을 해보면 쓰이는 일이 거의 없다. 대부분 소통을 잘하는 딜러가 되고 싶다던데 이에 대한 박탈감은 없나?

　　A. 영어를 공부하면서 후회했던 적은 단 한 번도 없습니다. 영어에 대해 시간과 노력을 기울인 만큼 삶에 큰 경험이 되었습니다. 영어로 소통이 되었던 만큼 인도 KIIT&KISS 대학교에 가서 글로벌 컨퍼런스를 진행했던 것이 좋은 경험 중 하나였습니다.

Q.카지노 서비스에 대해서 아는 것이 있는가?

A. 서비스의 기본은 고객에게 만족감을 주는 것이지만 카지노 서비스는 다릅니다. 고객이 칩을 얻을 수도 있고 잃을 수도 있는 상황이 있기 때문에 항상 만족감을 줄 수 없습니다. 칩을 땄을 경우 큰 리액션과 함께 고객이 더 만족할 수 있도록 공감해주는 것이 필요하며 칩을 잃었을 경우 고객의 칩을 테이크할 때 조심스럽게 하며 미안한 마음을 손 끝에 담는 것이 필요합니다.

〈영어면접〉

– 어느 수준의 언어구사가 되는지에 따라 점수가 정해지는 것으로 보입니다.

– 입장하고 바로 영어 자기소개를 시킵니다.

– 추가 질문

　ex) 주말에 보통 뭐하는지, 나한테 추천해 줄 만한 취미가 있는지

	〈기타〉
	– 단체성향면접은 팀워크가 얼마나 되는지, 소통이 되는지 중점이 된다고 합니다.
	– 현직 딜러분이 와서 업무에 대해서 궁금한 점에 대해서 질문을 받는 시간이 있습니다.
	– 예상보다 무거운 분위기는 아녔지만, 제가 속해 있던 조에 있던 사람 중 동아리 내역을 보고 노래를 뜬금없이 시켜서 모두 당황했습니다.
드림 타워	▶ 제주 드림타워 공개채용 면접
	– 카지노 게임 중 가능한 게임 설명하세요.
	– 본인의 일상의 소확행을 설명하세요.
	– 카지노 테이블 게임 중 가장 좋아하는 게임이 무엇이고 이유를 설명하세요.
	– 제주 드림타워에 지원한 이유는?
	– 카지노에 방문한 적이 있는지?
	– 부모님의 동의를 얻어 제주도에 지원했는지?
	– 가능한 제2외국어가 있으면 어느 정도인지?
	– 좋은 리더에 대하여 설명하세요.
	– 좋은 딜러에 대하여 설명하세요.
	– 궁금한 점 있으면 질문해주세요.

♠ ♥ ♦ ♣
카지노 실무 매뉴얼

Appendix ♣ 인스파이어 채용 규정

인스파이어

(자료: 인스파이어 채용정보 홈페이지)

1. 신입 채용

| 지원서 접수 | 서류전형 | 직무적격검사 | 면접전형
(1차/2차) | 최종합격 |

① 지원서 접수

신입 채용 지원자는 정해진 기간에 채용홈페이지를 접속하여 온라인 입사지원서를 접수해야 한다.

지원서 접수 시 본인의 적성과 흥미에 따른 관심 직무를 선정하고, 해당 직무가 속한 직무군을 선택하여 지원서를 최종 접수한다.

② 서류전형

지원서의 각 항목에 기재된 내용과 자기소개서를 바탕으로, 지원자가 지원직무와 회사에 적합한 자격, 경험, 열정을 가진 인재인지를 종합적으로 평가한다.

③ 직무적격검사

온라인 직무적격검사를 시행하여 신뢰역량, 성과역량, 가치역량을 기반으로 지원자의 성장 가능성을 종합적으로 평가한다.

④ 면접전형

– 1차 면접

실제 업무를 수행하기 위한 능력과 열정, 전략적 사고역량, 실무역량 등을 평가하는 1차 면접이 진행된다. 면접 진행방식은 일대다 방식이다. (소요시간 : 30분 ~ 1시간)

– 2차 면접

1차 면접 합격자를 대상으로 이루어지는 심층 면접으로, 미래가능성과 성장가치 등을 평가하는 절차이다. 면접 진행방식은 일대다 방식이다. (소요시간 : 30분 ~ 1시간)

⑤ 최종합격

최종 2차 면접에 합격한 대상자는 인스파이어의 신입사원으로 입사하게 된다.

2. 경력직 채용

지원서 접수　　서류전형　　면접전형　　레퍼런스 체크　　최종합격

모집 부문	담당업무	자격요건	근무 조건	인원
딜러 신입	바카라, 블랙잭, 룰렛 등의 게임을 진행하고, 고객에게 게임 규칙을 안내하며, 게임 중 부적절한 행동을 관찰	고객 지향적인 태도, 유연한 근무 시간, 긍정적인 태도, 외국어 능력 선호 학력 사항: 고등학교 졸업 이상	회사 내규에 따름	00
Cage Cashier	- 외화 및 카지노 칩스 환전 /재환전 - 칩스 시재 관리 - 카지노 칩스 플로우 관리 [근무부서 및 직급/직책] 근무부서: Cage팀	경력 사항: 신입, 경력(연차 무관) 학력 사항: 고등학교 졸업 이상	고용형태: 정규직 (수습기간 3개월) 근무부서: Cage 팀 급여조건 : 연봉 회사 내규	0

Casino Credit & Collection Analyst (1년 이상, 카지노 크레딧)	INSPIRE Entertainment Resort Finance팀에서 Casino Credit 관리를 담당해주실 Casino Credit and Collection Analyst를 채용. 최소 1년 이상 Casino Credit & Collection 파트 혹은 관련 분야에서 근무 경험 보유하신 분에 한하여 지원 가능, 관련 프로그램을 다룰 수 있는 경력자 우대Global Communication이 빈번하게 발생할 수 있는 포지션으로 Fluent 하지 않더라도 자신의 의견을 명확하고 자신 있게 소통하실 수 있는 분을 선호함.	0

3. 파트타임

인스파이어에서는 경력자에 한해서 파트타임직도 모집하고 있다.

4. 자소서 및 면접 요령

[Spirit of Aquai]
모히건을 대표하는 문화 'Spirit of Aquai'는 모든 모히건 기업의 멤버를 하나로 연결하는 행동과 가치입니다.
Welcoming - 진심을 다하여 팀원과 게스트 그리고 파트너를 인스파이어 가족으로 환영합니다.
Building Relationship - 팀원과 게스트 그리고 파트너에게 특별한 경험을 제공하여 장기적인 신뢰관계를 구축합니다.
Mutual Respect - 팀원과 게스트 그리고 파트너를 상호 존중합니다.
Cooperation - 팀원과 게스트 그리고 파트너와 함께 협력하여 공동의 목표를 달성합니다.

위 인스파이어의 4가지 정신과 본인의 경험을 결합하여 자소서를 작성해야 하며, 면접 질문 또한 본인 경험에 의한 과정을 중요시하는 경향이 있다.

참고문헌

• 한국산업인력공단 국가직무능력표준원(NCS, http://www.ncs.go.kr).

• 삼육대학교출판부(2006), 중독의 이해와 상담의 실제.

• 충남대학교 산학협력단(2008), 도박중독예방교육 프로그램개발연구.

• (주)강원랜드, ALIO 공공기관경영정보시스템.

• (주)그랜드코리아레저, ALIO 공공기관경영정보시스템.

• (주)파라다이스 인재채용 홈페이지(http://recruit.paradise.co.kr/).

• 한국직업능력개발원(2018).

저자
소개

최은미

전문분야

- 카지노 영업기획 : 카지노 딜링 매뉴얼 제작, HOUSE RULE 및 영업 매뉴얼 관리, 카지노용품 구매, 발주, 인벤토리 업무, 카지노 오퍼레이션 칩스 & 카드 관리, 바카라, 블랙잭, 룰렛 토너먼트 대회 운영, 카지노 산업 컨설팅 및 사업계획서 작성, 카지노 고객관리 시스템 운영교육(Customer Relationship Management), 카지노 경영관리 시스템 운영교육(Casino Management System)
- 카지노 교육 : 카지노 딜링 매뉴얼 교육, 카지노 서비스 매뉴얼 교육
- 카지노 딜링 : Baccarat, Blackjack, Roulette, Tai-Sai, Casino War, Caribbean Stud Poker, Three Card Poker, Big Wheel, Texas Hold'em Poker, Electronic Table Game

학력

- 경기대학교 관광전문대학원 관광학 박사
- 경기대학교 관광전문대학원 관광학 석사

주요경력

- 현) 한서대학교 호텔카지노관광학과 부교수
  (사)한국호텔전문경영인협회 이사
  카지노 직무맵 개발 전문위원
  ㈜호텔인네트워크 경영자문위원
  GKL 인재개발원 교육자문위원회(그랜드코리아레저)
  NCS 카지노 산업현장교수 위촉(한국서비스산업진흥원)
  KSI 진로직업멘토위원 위촉(한국서비스산업진흥원)
- 우석대학교 호텔항공관광학과 외래교수
- 한서복합리조트 아카데미 학원 부원장
- ㈜파라다이스 카지노 워커힐 영업기획/오퍼레이션

이진경

전문분야

- 카지노 서비스 교육 : 카지노 사내 사보기자 교육, 서비스 중장기 목표전략 수립, 고객만족 마케팅 전략, 고객만족 서비스 교육제도 개발·개선, 고객만족 서비스 교육 체계 수립, 서비스 교육기획, 서비스 직능 교육, 서비스 교육, 고객 응대법, 사내강사 육성·활용, 교육 스태프의 전문성 강화, 서비스 품질 관리, 시스템 평가, 카지노산업 마케팅, 실무교육
- 카지노 교육 : 카지노 딜링 매뉴얼 교육, 카지노 서비스 매뉴얼 교육
- 카지노 딜링 : Baccarat, Blackjack, Roulette, Tai-Sai, Casino War, Caribbean Stud Poker, Three Card Poker, Big Wheel, Texas Hold'em Poker, Electronic Table Game

학력

- 경희대학교 일반대학원 호텔관광학 박사
- 경희대학교 경영대학원 관광경영학 석사
- 이화여자대학교 졸업

주요경력

- 현) 제주관광대 카지노복합리조트경영학과 교수
  제주특별자치도 카지노업감독위원회 위원
  (사)한국호텔전문경영인협회 이사
  (사)한국관광연구학회 이사
  ㈜호텔인네트워크 경영자문위원
  NCS카지노SQF 전문위원
- 강원관광대학 호텔카지노관광과 교수
- 2020 GKL 인재개발원 교육자문위원회 위원
- GKL 세븐럭카지노아카데미 운영위원
- 강원랜드 중장기 계획 자문위원
- 그랜드코리아레저사업 추진을 위한 전문자문위원
- 극동대학교 겸임교수
- 세종대학교, 세종대학교 대학원, 경희대학교, 청운대학교, 국제대학교, 인천대학교 외래교수

송진영

전문분야

- 카지노 딜링
- 카지노 딜링 매뉴얼 교육

학력

- 경기대학교 관광전문대학원 관광학 박사
- 경기대학교 관광전문대학원 관광학 석사

주요경력

- 현) 인스파이어리조트 카지노
- ㈜파라다이스카지노워커힐 오퍼레이션
- ㈜GKL세븐럭카지노 오퍼레이션
- 경기대학교평생교육원 호텔경영학과 주임교수
- 한서대학교 호텔카지노관광학과 외래교수
- 경인여자대학교 호텔&카지노과 외래교수
- 경기대학교 호텔경영학과 외래교수
- 한국호텔관광실용전문학교 호텔카지노과 외래교수
- 메이필드호텔전문학교 카지노경영학과 외래교수
- 계원예술대학교 평생교육원 카지노서비스학과 외래교수
- 숭실대학교 호스피탈리티 호텔경영학과 외래교수
- GKL 인재개발원 교육자문위원회 전문위원

이수정

전문분야

- 카지노 딜링
- 카지노 딜링 매뉴얼 교육

학력

- 세종대학교 관광대학원 관광학 석사
- 세종대학교 일반대학원 박사과정

주요경력

- 현) 인스파이어 복합리조트 카지노
- ㈜파라다이스카지노워커힐오퍼레이션
- ㈜GKL세븐럭카지노오퍼레이션
- 청운대학교 호텔경영학과 외래교수
- 한서대학교 호텔카지노관광학과 외래교수
- 경인여자대학교 호텔&카지노과 외래교수
- 한국호텔관광실용전문학교 카지노딜러과 외래교수
- 세경대학교 스마트문화융합과 외래교수

정지인

전문분야

- 카지노 플로어 퍼슨: 게임테이블 관리 감독, 카지노서비스 제공
- 카지노 교육: 카지노 딜링 매뉴얼 교육, 오퍼레이션 딜러 교육, 카지노서비스 교육
- 카지노 딜링

학력

- 경기대학교 관광전문대학원 관광학 박사
- 경기대학교 관광전문대학원 관광학 석사

주요경력

- 현) ㈜파라다이스카지노 워커힐 오퍼레이션F/P
- ㈜파라다이스 카지노 워커힐 선임교관
- 계원예술대학교 평생교육원 일학습병행제 외래교수
- 계원예술대학교 평생교육원 카지노서비스학과 외래교수
- 한국호텔실용전문학교 딜링대회 심사위원
- 코리아 유스 카지노 딜링대회 심사위원

정미나

전문분야

- 카지노 딜링
- 카지노 인사 및 교육
- 카지노 회계

학력

- 세종대학교 일반대학원 호텔경영학 석사
- 세종대학교 호텔경영학과 학사

주요경력

- ㈜파라다이스카지노워커힐 오퍼레이션, 회계, 교육
- 한국호텔관광실용전문학교 카지노딜러과 외래교수
- 두원공과대학교 항공학과 외래교수
- 계원예술대학교 평생교육원 카지노서비스학과 외래교수

송수정

전문분야

- 카지노 딜러 교육 : 카지노 딜링 매뉴얼, 카지노 서비스 매뉴얼, 카지노경영론. 카드와 칩스 확인, 게임전대기, 게임진행, 게임서비스제공, 고객정보관리, 서비스 니즈 파악, 고객 불만 응대
- 관광 마케팅 교육 : 관광학개론, 호스피탈리티 관광서비스론, 관광마케팅, 관광소비 자행동론, 국제관광론
- 카지노 딜링 : Baccarat, Blackjack, Roulette, Tai-Sai, Casino War, Caribbean Stud Poker, Three Card Poker, Big Wheel, Electronic Table Game

학력

- 경희대학교 일반대학원 관광학과 관광학 박사
- 경희대학교 일반대학원 호텔관광학과 관광학 석사
- 경희대학교 관광학부 관광경영학 · 일어통역학과 졸업

주요경력

- 현) 인천대학교 기초교육원 외래강사
  가천대학교 관광경영학과 외래강사
  숭실호스피탈리티직업전문학교 외래강사
  메이필드호텔스쿨 외래강사
  국제호텔직업전문학교 외래강사
- 경희대학교 호텔경영학과 외래강사
- 백석예술대학교 관광학부 외래강사
- 백석대학교 관광경영 외래강사
- 백석대학교 평생교육원 외래강사
- ㈜파라다이스 카지노 워커힐 신입사원 직능강사
- ㈜파라다이스 카지노 워커힐 오퍼레이션

저자와의
합의하에
인지첩부
생략

카지노 실무 매뉴얼

2022년 2월 10일 초 판 1쇄 발행
2024년 9월 10일 제2판 1쇄 발행

지은이 최은미 · 이진경 · 송진영 · 이수정
　　　　정지인 · 정미나 · 송수정
펴낸이 진욱상
펴낸곳 (주)백산출판사
교　정 박시내
본문디자인 신화정
표지디자인 오정은

등　록 2017년 5월 29일 제406-2017-000058호
주　소 경기도 파주시 회동길 370(백산빌딩 3층)
전　화 02-914-1621(代)
팩　스 031-955-9911
이메일 edit@ibaeksan.kr
홈페이지 www.ibaeksan.kr

ISBN 979-11-6567-912-5 93980
값 20,000원